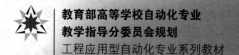

教育部高等学校自动化专业
教学指导分委员会规划

工程应用型自动化专业系列教材

运动控制系统

Yundong Kongzhi Xitong

薛安克　周亚军　主编

薛安克　周亚军　吴秋轩　孙曜

吴茂刚　刘栋良　俞武嘉　编著

U0324132

高等教育出版社·北京

HIGHER EDUCATION PRESS　BEIJING

内容简介

　　本书结合工程实例,介绍运动控制系统的基本控制原理、分析和设计方法。全书共7章,第1章为绪论,介绍运动控制系统的基本概念,构成和技术背景;第2、3、4、5、6章针对相关知识点,首先引出一个典型工程应用案例,提出设计任务,通过对任务的功能技术需求分析,明确要解决的问题,进而以应用例子为解决目标,较深入地介绍了交直流调速系统、交流伺服系统、多轴运动控制系统等运动控制系统的基础理论知识、控制原理、静动态特性分析、Matlab仿真设计、常用的工程设计和实现方法;第7章介绍了数控系统、机器人等代表性运动控制系统的构成和设计思想,以加深读者对运动系统的应用认识。

　　本书理论深度适中,将物理描述应用于复杂公式推导过程,增加了仿真设计和工程设计方法。

　　本书可作为高等院校自动化、电气工程及自动化等专业的教材或教学参考书,也可作为工程技术人员参考用书。

图书在版编目(CIP)数据

　　运动控制系统/薛安克,周亚军主编;薛安克等编著. -- 北京:高等教育出版社,2012.12
　　ISBN 978 - 7 - 04 - 035142 - 2

　　I. ①运… Ⅱ. ①薛…②周… Ⅲ. ①自动控制系统
-高等学校-教材　Ⅳ. ①TP273

　　中国版本图书馆 CIP 数据核字(2012)第 301678 号

| 策划编辑　王耀锋 | 责任编辑　王耀锋 | 封面设计　张雨微 | 版式设计　杜微言 |
| 插图绘制　尹　莉 | 责任校对　胡晓琪 | 责任印制　赵义民 | |

出版发行	高等教育出版社	咨询电话	400 - 810 - 0598
社　　址	北京市西城区德外大街 4 号	网　　址	http://www.hep.edu.cn
邮政编码	100120		http://www.hep.com.cn
印　　刷	大厂益利印刷有限公司	网上订购	http://www.landraco.com
开　　本	787mm × 1092mm　1/16		http://www.landraco.com.cn
印　　张	14	版　　次	2012 年 12 月第 1 版
字　　数	300 千字	印　　次	2012 年 12 月第 1 次印刷
购书热线	010 - 58581118	定　　价	22.30 元

工程应用型自动化专业
课程体系研究与教材建设委员会

出 版 说 明

为了适应高等工程教育改革,满足社会对工程应用型自动化专业人才的需要,在"教育部高等学校自动化专业教学指导分委员会"主任委员吴澄院士的领导下,设立了"工程应用型自动化专业课程体系研究与教材建设"专项研究课题,从全国高等院校遴选了既有工程研究实践背景、又有教材编写经验的专家教授,以及企业界知名特邀代表共40余人,对工程应用型自动化专业的课程体系、教学内容进行系统深入的调查、分析和研究,提出了工程应用型自动化专业课程体系结构和系列教材的三级目录。采用个人报名、专家推荐、"工程应用型自动化专业课程体系研究与教材建设委员会"匿名评审相结合的方式,组织编写出版一套工程应用特点明显、国内一流的工程应用型自动化专业系列教材。

工程应用型自动化专业系列教材力求达到理论与应用相统一、教学与实际相结合、工程应用特点明显、国内一流。通过对人才市场需求、专业培养定位、自动化技术发展动态的分析研究,提出从实际工程应用自动化系统出发,结合系统中涉及的单元技术与理论方法,聚类归纳工程应用型自动化专业的课程体系结构,凝练解决自动化应用系统问题的每门课程的内容与知识点,使学生能够学以致用,能够解决工程实际应用问题。经过40多位专家教授的辛勤劳作,第一批19本工程应用型自动化专业系列教材于2010年陆续出版。为了满足不同应用背景、不同应用层次的工程需要,部分应用面广的同类教材有两种版本可供选用。

本系列教材主要内容覆盖自动化应用系统涉及的实用技术、理论与方法、器件与工具等内容。第一批教材包括针对自动化系统数据获取部分的机器视觉技术及应用、现代检测技术及应用等;系统驱动部分的电机与拖动、电力电子技术、电力拖动自动控制系统等;系统控制方法部分的自动控制原理、过程控制、运动控制等;控制器硬件设计部分的单片机原理、嵌入式系统、DSP原理、可编程控制器等;自动化系统部分的计算机控制、自动化系统集成、自动控制工程设计、自动化专业实践初步等;数据处理部分的控制工程数据库技术等。

本系列教材的主要特色在于注重课程体系的应用系统性和技术先进性,注重培养学生的自动化系统的集成组态设计能力和前瞻意识。课程体系按系统单元划分,教材章节按解决问题所需的知识安排,培养学生解决工程实际应用问题的针对性和有效性。在教材章节上尽可能引入相关新技术、新理论、新方法和新器件,培养学生利用新知识解决问题的思维方式和实际应用创新能力。

如何培养适应信息时代要求的工程师是我国高等工程教育改革的核心,也是本系列教材编写的主导思想。通过本系列教材的学习,使学生能够具备一个工程师进行自动化系统或相应系统设计开发以及选型集成的基本创新能力。本系列教材主要面向工程应用型自动化及相关专业的大学生和研究生。我们希望本套工程应用型系列教材的出版,能够有力促进我国高等院校工程应用型自动化专业人才培养质量的提高,也能为广大科技工作者和工程技术人员提供参考和帮助。

感谢使用本系列教材的广大教师、学生和科技工作者的热情支持。欢迎提出宝贵批评意见和建议,请将您的建议反馈至 hanying@ hep. com. cn。

工程应用型自动化专业课程体系研究与教材建设委员会

2009 年 12 月

序 一

　　自动化技术在我国现代化建设进程中具有重要地位。五十多年来,自动化技术对我国社会主义现代化建设的众多领域发挥了重要作用,产生了深远影响。最具代表性的两弹一星的成功发射、载人飞船的顺利返回、嫦娥探月的环绕飞行等充分体现了自动化技术在国家重大工程应用中的示范作用。自动化技术也有力地推动着我国整体工业的发展和改变着人们的生活方式,如集成制造系统的普及推广使机械加工制造自动化程度达到了更高的水平,服务机器人代替家政进入了家庭,改善了人们的生活环境,如此等等。

　　我国正在全面建设小康社会,走新型工业化道路,促进信息化与工业化的"两化"融合,实现工业、农业、国防和科学技术现代化。在此进程中,自动化技术起着不可替代的桥梁作用。这就迫切需要高等学校自动化专业办学机构和广大教师进行深入研究和探索,如何能够为各行各业输送大量具有工程实践能力和应用创新能力的工程应用型自动化专业高级技术人才。在"教育部高等学校自动化专业教学指导分委员会"主任委员吴澄院士领导下,针对我国高等教育发展快、规模大、社会各行各业对工程应用型自动化专业人才需求量大的特点,按照大众化高等教育阶段分类指导的思想和原则,抓住有利时机,成立了"工程应用型自动化专业课程体系研究与教材建设委员会",对工程应用型自动化专业的知识体系、课程体系、能力培养等进行了有益的探索,为工程应用型自动化专业人才培养、教材建设奠定了基础。

　　工程应用型自动化专业涉及面广、行业多,其人才培养模式与课程体系涉及的因素众多复杂,包括如何结合通识教育,拓宽应用口径、突出专业重心、强化实践教育、理论联系实际、提高应用创新能力等,其中构建既不照搬研究型、也不雷同技能训练型的工程应用型自动化专业课程体系,编写一套有利于促进面向不同行业、应对不同层次问题的工程应用型学生个性发展的一流教材尤为重要,着力培养学生由解决工程实际问题到提出新问题的探索思维方式,即运用知识的创新能力。"教育部高等学校自动化专业教学指导分委员会"在对工程应用型自动化专业课程体系研究的基础上,从全国遴选有工程应用背景、有教材编写经验的教授与专家,组织编写了这套工程应用型自动化专业系列教材,这对工程应用型自动化专业人才的创新能力培养具有重要意义。作为长期从事自动化专业高等教育和研究队伍中的一员,在本系列教材即将付印之际,我谨向参与本系列教材规划、组织、编写工作的各位老师致以崇高的敬意!

　　希望广大教师、学生和科技人员积极使用这套教材,并提出宝贵意见。

吴启迪

2009 年 12 月于北京

吴启迪:教育部原副部长,同济大学教授、博士生导师。

序　二

　　工程应用型自动化专业系列教材是"教育部高等学校自动化专业教学指导分委员会"在组织实施全国高等学校自动化专业系列教材之后,按照《自动化学科专业发展战略研究报告》分层次、多模式、多规格培养的指导思想和原则,结合《高等学校本科自动化指导性专业规范》实施的又一套工程应用特点明显、国内一流的自动化专业系列教材。该系列教材力求达到教学与实际相结合、理论与应用相统一、案例教学与知识传授并举,培养学生解决实际问题的能力和运用新知识的集成创新能力,使工程应用型自动化专业的学生能够真正成为解决实际工程应用问题的工程师。

　　我国工程应用型自动化专业以往的课程体系与知识体系基本照搬研究型自动化专业课程体系,带有浓厚的"理论的应用、应用的理论"内容,工程应用特点不明显。这也正是规划工程应用型自动化专业系列教材所面临的主要问题。为此,设立了"工程应用型自动化专业课程体系研究与教材建设"的专项研究课题,成立了以西安交通大学韩九强教授、杭州电子科技大学薛安克教授、清华大学萧德云教授负责的联合研究小组,介入的高校达 40 多所,从全国遴选出 40 多名有工程实际背景和教材编写经历的教授和企业界知名代表。通过对工程应用型自动化专业的课程体系的深入研究,提出从实际工程应用自动化系统涉及的技术与理论方法出发,按自动化系统的组成,归纳分类工程应用型自动化专业的课程体系结构;分应用层次和对象功能凝练解决自动化应用系统中工程问题的知识内容与教材体系,建立知识传授与创新能力培养相结合的课程体系结构。以此为基础,组织规划了涵盖自动化应用系统涉及的数据获取、系统驱动、控制方法、数据处理、控制器设计、系统集成等 20 多门课程内容的系列教材。从数据获取到数据处理,从控制方法到控制器设计,从系统集成到组态工具,从课程体系到三级目录起草,先后经过了 6 次全国会议的认真研讨,凝聚着 40 多位专家教授的辛劳。教材主编采取个人申请,"工程应用型自动化专业课程体系研究与教材建设委员会"匿名评审确定,至此,第一批审定通过的 19 本工程应用型自动化专业系列教材于 2010 年陆续出版问世。

　　工程应用型自动化专业系列教材的出版,对工程应用型自动化专业知识体系的更新、教学方式的改变、工程实践的强化将起到积极的推动作用。但本系列教材从体系结构到每本教材的三级目录组成,以至每本教材的具体内容都可能存在许多不当之处,恳请使用本系列教材的老师、学生及各界人士不吝批评指正。

教育部高等学校自动化专业教学指导分委员会主任委员

2009 年 12 月于清华大学

吴澄:中国工程院院士,清华大学教授,博士生导师,教育部高等学校自动化专业教学指导分委员会主任委员。

前　　言

运动控制技术在开放式数控、机器人控制、航空航天等领域有着广泛应用。针对我国高等教育发展快、规模大、社会各行各业对工程应用型人才需求量大的特点，在"工程应用型自动化专业课程体系研究与教材建设委员会"的指导下，我们对"运动控制系统"教材的内容安排、结构安排、选材和教学思想等进行了探索。为使学生在知识的学习过程中，能理论结合实践，从系统和应用角度去理解相关理论和技术，本书尝试如下教材结构和教学思想，即从现代工程应用需求提出系统需求，由系统需求引出相关理论知识，而后利用理论与工程实现方法指导实际的设计过程。同时，通过 Matlab 仿真对理论教学内容进行及时的验证，以加强对理论知识的理解。

本书主要有以下特点：

（1）本书在交直流调速和伺服系统各章节中，根据相关知识点，首先引出典型工程应用实例，以典型实例为主线，通过功能技术需求分析，提出设计任务和系统解决方案，引导学生建立系统概念，明确要解决的问题，使学生能带着问题、带着对知识和技术的需求学习相关知识。进而以应用例子为解决目标，引出交直流调速系统、交流伺服系统、多轴运动控制系统等应用较广的运动控制系统的基础知识、Matlab 仿真设计、常用系统设计方式及工程实现方法。

（2）本书理论深度适中，将物理描述应用于复杂公式的推导过程。在分析设计方面，重视工程上常用仿真平台和设计分析手段的引入。每个应用实例都给出基于单片机、PLC 或自动化装置的控制系统的设计与实现，加深读者对运动控制系统设计的直观性和可操作性的认识，加深理解运动控制系统理论和设计方法。

（3）在运动控制系统应用中，多轴、分布式、伺服运动控制系统有非常广泛的应用，本书把这些知识独立成章（第 5 章、第 6 章），进行详细讲解。第 7 章分析介绍数控、机器人、雷达伺服控制系统等典型应用系统，以加深读者对运动控制系统的应用认识。

本书共 7 章。第 1 章为绪论，对运动控制系统的基本结构和组成，运动控制系统涉及的相关学科和运动控制系统应用作了简单介绍。第 2 章转速闭环直流调速系统，以智能车直流闭环调速系统为设计目标，对直流开环调速、直流转速闭环系统动、静态结构进行原理分析和知识点讲解，进而引导学生应用所学知识，结合单片机实现方法，进行系统结构、控制参数等设计、仿真和实现。第 3 章转速、电流双闭环直流调速系统，针对转速单闭环直流调速系统应用于轧机、车床等经常处于起动、制动、正反转工作状态的设备时存在的问题，提出转速、电流双闭环直流调速系统的控制思想，并以一种冷轧机的转速、电流双闭环直流调速系统设计为例，对双闭环直流调速系统的知识进行讲解，着重阐明其控制规律、性能特点和设计方法。第 4 章交流调速系统，以变频调速在恒压供水系统中泵的控制应用为案例，讨论了电压频率协调控制的变频调速方式、通用变频器原理和 SPWM 调制方法，以及以高速数控机床电主轴调速为案例，引出交流电动机矢量控制原理、SVPWM调制技术方法和工程实现。第5章交流伺服系统,针对数控机床对伺服控制的要求,介绍永磁同步伺服电动机的位置伺服控制理论、控制系统构成原理、系统分析;无刷直流电动机伺服控制系统结构,以及在电动自行车上的速度伺服控制应用;直线电动机伺服控制系统的构成、原理。第6章多轴运动控制系统,从两个典型的多轴运动控制任务开始,逐步建立和完善多轴运动控制系统的特征概念,介绍典型多轴运动系统的体系结构,软硬件实现方法,包括基于PC的多轴运动控制系统,基于CAN总线和PROFIBUS总线的多轴运动控制系统。第7章从系统角度出发,通过对数控系统、工业机器人伺服系统、雷达天线伺服控制系统的分析介绍,展示伺服运动控制系统的应用,并给出系统基本结构和系统设计思想。

　　本书由薛安克教授和周亚军教授级高级工程师担任主编。吴秋轩、孙曜、吴茂刚、刘栋良、俞武嘉参加了本书的编著。全书由白晶教授主审。

　　本书编写过程中参阅了许多教授编写的同类教材,在此表示感谢。由于我们水平有限,错误和不当之处在所难免,殷切期望读者批评指正并与编者联系,E-mail:zyj@hdu.edu.cn。

编者
2012 年 10 月

目　录

第1章 绪 论

1.1 什么是运动控制系统

运动控制是自动控制领域的一个分支。运动控制系统是以电动机为控制对象,采用电力电子功率变换装置构成驱动,综合应用计算机控制、自动控制理论、信号检测与处理等相关理论和技术,构筑相应的控制系统,通过控制电动机的转矩、转速和转角,实现对运动机械进行运动位置、运动速度、运动轨迹和各种运动参数实时的控制和管理。因此,运动控制技术是集电机学、电力电子技术、计算机控制技术、自动控制理论、信号检测与处理等多门课程相互交叉的综合性学科,如图1-1所示。

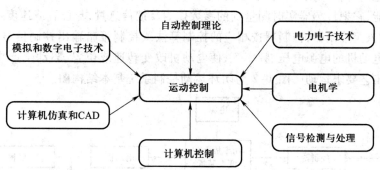

图1-1 运动控制及其相关课程

运动控制技术主要研究运动控制系统的结构、控制对象模型建立、基本控制原理和系统设计方法、系统性能分析等,是工业机械设备(包括数控机床)控制、机器人控制、飞行器姿态控制等方面的重要技术基础。

运动控制系统有如下特点:(1) 被控量的过渡过程较短,一般为秒级甚至毫秒级;(2) 传动功率范围宽,可从几毫瓦到几百兆瓦;(3) 调速范围宽,宽调速系统的调速范围可达到1:10000;(4) 可获得良好的动态性能和较高的稳速精度或定位精度;(5) 可四象限运行,制动时能量回馈电网;(6) 可以控制单台电动机运行,也可以多台协调控制运行。

运动控制系统在国防、航天、冶金自动化、数控机床、纺织机械、机器人、办公自动化和家用电器等领域广泛应用。例如:轧钢厂的连轧机,造纸厂的纸机,纺织厂的纺织机,化工厂的搅拌机和离心机,搬运场的起重机和传送带,矿山的卷扬机,田间的抽水泵等各种生产机械的控制;冰箱、空调、洗衣机以及电脑等家用电器的驱动;交通运输中电动汽车的控制;数控机床的主轴传动的控制及伺服轴的运动协调形成轨迹的控制；雷达自动跟踪系统中，通过控制天线的方位和俯仰，迅速准确地跟踪运动目标的控制；在三维空间内，通过多台电动机协调控制，对摄像头位置进行精确地控制；各种机器人的动作协调与控制，例如，两足步行机器人的走动，适用于各种管道内特定作业的爬行机器人在管道内的移动，三指机器人拿起了桌上的鸡蛋，装配机器人协调拾取工件准确地插进了台面上的孔进行装配、拧螺丝。以上这些都是运动控制系统的典型应用。

1.2 运动控制系统的组成

运动控制系统一般由控制器、功率放大与变换装置、电动机、传动机构、生产机械及相应传感器等组成。根据生产机械工艺要求，运动控制系统可分成位置随动系统（也称伺服系统）和调速系统。按照电动机的类型，运动控制系统可分为直流和交流两大类，因此伺服系统又可分为交流伺服系统和直流伺服系统，而调速系统可分为交流调速系统和直流调速系统。按照控制结构，运动控制系统可分为开环和闭环系统。开环控制系统主要用于对起、制动和调速无特殊要求，以及不要求精确调速的场合，如磨碎机、输送机、电弧炉、泵类等；闭环运动控制系统具有自动控制和闭环调节的功能，它把传感器实时测量到的参数作为反馈信息量，与位置或速度控制指令进行比较，误差信号输入至控制器，控制器按相应的控制算法或控制策略输出控制信号，控制变流装置以改变输入到电动机的电源电压、频率等，使电动机改变转速或位置，驱动生产机械按照动态性能指标和生产工艺要求运动。图1-2为闭环运动控制系统基本结构图。

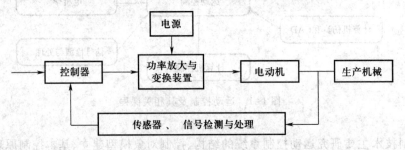

图1-2 闭环运动控制系统基本结构

根据应用场合和对控制性能的要求不同，运动控制系统在组成部件的选择和系统的构成方面有多种形式。

1. 控制器

与所有自动控制系统一样，运动控制系统要取得良好性能，基本思路就是引入信号反馈，对系统的主要参数，如位置、转速、电流、磁场等实现闭环控制，而控制器成为实现系统自动控制的关键。控制器主要由硬件、软件和控制算法组成。

就控制算法而言，目前最为经典的仍为PID控制算法。PID调节器的参数直接影响系统性能。采用微机数字控制后，衍生出多种改进的PID算法，如积分分离算法、分段PI算法、参数自适应 PID 算法等,以提高系统性能。同时,各种智能控制方法,如学习控制、专家控制、模糊控制、神经网络控制等,也在不断地进行应用研究。

控制器硬件构成可以采用基于微处理器的运动控制器,或采用专用数控控制器,对性能要求不是很高的,也可以采用 PLC(可编程逻辑控制器)等。高性能微处理器如 DSP(数字信号处理器)的应用,为采用新的控制理论和控制策略提供了良好的技术基础。

控制器软件的功能主要包括控制系统管理、信号检测与信息处理、控制算法和控制策略的实现等,以达到对控制对象的位置、速度、电流的控制。

2. 功率放大与变换装置

功率放大与变换装置根据供电电源类型以及电动机控制所需电源要求提供各种电能变换。低压小容量功率放大与变换装置采用的功率开关器件主要有功率 MOSFET(金属氧化物半导体场效应晶体管)、IGBT(绝缘栅双极型晶体管)和 IPM(智能功率模块)。中高压大容量主要采用 GTO(门极可关断晶闸管)、IGCT(集成门极换流晶闸管)、SGCT(对称门极换流晶闸管)、IEGT(注入增强栅晶体管)和高压 IGBT。目前功率放大与变换装置已经智能化,兼备控制和驱动功能,利用功率放大与变换装置就可以构成系统的位置环、速度环、电流环。但通常运动控制系统的电流环控制在变换装置中实现,而位置环、速度环控制在前述的控制器中实现。

3. 电动机

电动机是运动控制系统的控制对象,根据工作原理可分为步进电动机、直流电动机和交流电动机。交流电动机(尤其是笼型异步电动机)结构简单、制造容易,无须机械换向器,因此其允许转速与容量均大于直流电动机。随着变频器的出现,交流电动机应用越来越广,特别是永磁同步电动机根据不同电流控制方法被用作交流伺服电动机和无刷直流电动机。另外直线电动机、低速电动机、开关磁阻式电动机等新型电动机的应用也是发展趋势。

4. 信号检测与处理

运动控制系统中位置、速度、电流是被控物理量,闭环控制中这些物理量的信号需要被检测与反馈。检测元件对提高系统的精度起着重要作用。运动控制中常用的位置检测元件有自整角机、旋转变压器、光电编码器、感应同步器和磁尺等。常用的速度检测元件有测速发电机、光电编码器、速率陀螺等。电流信号是模拟量信号,电流检测通常采用电流互感器、霍尔电流传感器等。

总之,运动控制技术的发展趋势是:驱动的交流化,功率变换器的高频化,控制的数字化、智能化和网络化。

1.3 运动控制系统的运动方程

运动控制系统的运动规律可以用运动方程来描述。在忽略系统传动机构中的粘滞摩擦和扭转弹性的情况下,系统的运动方程为

$$T_e - T_L = J \frac{d\omega_m}{dt} \qquad (1-1)$$

式中: T_e——电动机的电磁转矩($N \cdot m$);

　　T_L——折算到电动机轴上的负载转矩($N \cdot m$);

　　J——机械转动惯量($kg \cdot m$);

　　ω_m——电动机的机械角速度(rad/s)。

由式(1-1)可以看出,只有当 $T_e = T_L$ 时,$\dfrac{d\omega_m}{dt} = 0$,系统处于静止和匀速运行,称为稳态。但很多时候,系统根据生产工艺要求需要调节速度,或周期性地起动和停止,有的情况下负载不断变化,这就是说电动机会经常处于动态之中。有的运动控制系统,如纺织机械、造纸机械等不经常起停和调速,对动态特性没有提出特别要求。但像机器人、数控机床等伺服控制系统,则对电动机完成工序的准确性和快速性提出特别高要求(如快速跟随、准确停止)。

从式(1-1)可以看出,提高运动控制系统的动态性能的关键在于电动机的电磁转矩的控制,使转速变化率按期望的规律变化。直流电动机的转矩与电流成正比,电磁转矩容易控制,控制电流就能控制转矩。由它构成的运动控制系统性能良好。永磁同步电动机兼有电磁转矩容易控制和转动惯量小的双重优点,因而在伺服控制系统中获得了广泛应用。异步电动机的电磁转矩存在强耦合,控制比较困难,要达到好的动态性能需采取一些比较复杂的控制策略。电动机的电磁转矩与电枢电流(或定子电流)和磁通有关,在一定的电流作用下尽可能产生最大电磁转矩,以加快系统的过渡过程,因此必须在控制转矩的同时也控制磁通(或磁链)。通常在基速(额定速度)以下采用恒磁通(或磁链)控制,基速以上采用弱磁控制。

第2章 转速闭环直流调速系统

根据本章知识内容,以解决案例"智能车直流闭环调速系统"为目标,分析实际案例要达到的性能指标、系统结构、知识点和技术需求。在明确需求的前提下,对直流开环调速、直流转速闭环系统动、静态结构进行原理分析和知识点讲解,进而应用所学知识,结合单片机,进行案例的系统结构、控制参数设计、仿真、实现等。

2.1 转速闭环直流调速案例——智能车调速控制

2.1.1 需求描述

全国大学生智能汽车大赛是教育部新列入的全国十大赛事之一,是一项以智能汽车为平台的多学科交叉的创意性科技竞赛,是面向全国大学生的一种具有探索性的工程实践活动。智能车结构简单,可以搭配摄像头、红外传感器及电磁传感器等道路检测器件,实现道路跟踪进行竞速比赛,图2-1所示是一辆摄像头组别的智能车。

随着对智能车控制技术要求的提高,赛道变窄、路况复杂、车模改变、机械结构调整等,都需要对智能车速进行匀速、加速、减速控制,才能赛出好成绩,一个全国总决赛场地如图2-2所示。据统计,在第一届智能车比赛中,使用速度反馈的队伍基本没有,但是到第二届以后,不使用速度反馈控制的就寥寥无几了。所以智能车在复杂赛道上的运动对调速性能提出了更高的要求。

图2-1 竞速赛车模型

图2-2 比赛赛道

2.1.2 性能要求

为了使智能车能够平稳地沿着赛道运行,在急转弯时速度不至过快而冲出赛道,需要控制车速。若采用直流电动机作为驱动电动机,则通过控制驱动电动机上的平均电压可以控制车速,但是如果开环控制电动机转速,会受很多因素影响,例如电池电压、电动机传动摩擦力、道路摩擦力和前轮转向角度等。这些因素都会造成赛车运行不稳定。通过速度检测,对车模速度进行闭环反馈控制,可消除上述各种因素的影响,使得车模运行得更稳定。

在平坦赛道或者坡道上,速度静差较小,对于复杂弯道,可以根据获取的赛道路况信息对智能车速度进行很好的在线修正。

2.2　直流电动机调速方法及调速性能指标

2.2.1　直流电动机调速方法

在"电机学"课程中已知,电动机的机械特性是指电动机的转速 n 与转矩 T 之间的关系,表示为:

$$n = \frac{U}{C_e} - \frac{R}{C_e C_m} T \tag{2-1}$$

式中:C_e——电动机在额定磁通下的电动势系数,$C_e = K_e \Phi$;

$\quad\quad C_m$——电动机在额定磁通下的转矩系数,$C_m = K_m \Phi$。

在磁通不改变情况下,直流电动机的机械特性基本方程式可以表示为:

$$n = \frac{U}{C_e} - \frac{R}{C_e} I = n_0 - \Delta n \tag{2-2}$$

式中:R 为电枢回路总电阻,I 为电枢电流。

由式(2-2)可知,调节电动机转速的方式有三种:

(1) 调节电枢供电电压 U。改变电枢电压主要是从额定电压往下降低电枢电压,从电动机额定转速向下变速,属恒转矩调速方法。对于要求在一定范围内无级平滑调速的系统来说,这种方法最好。

(2) 改变电动机主磁通 Φ。改变磁通可以实现无级平滑调速,但只能减弱磁通进行调速(简称弱磁调速),从电机额定转速向上调速,属恒功率调速方法。响应速度较慢,但所需电源容量小。

(3) 改变电枢回路电阻 R。在电动机电枢回路外串电阻进行调速的方法,设备简单,操作方便。但是只能进行有级调速,调速平滑性差,机械特性较软;空载时几乎没什么调速作用,还会在调速电阻上消耗大量电能。

改变电阻调速的缺点很多,目前很少采用。弱磁调速范围不大,往往是和调压调速配合使用,在额定转速以上作小范围的升速。因此,自动控制的直流调速系统往往以调压调速为主,必要时把调压调速和弱磁调速两种方法配合起来使用。

2.2.2 转速控制的要求和调速性能指标

任何一台需要转速控制的设备,其生产工艺对控制性能都有一定的要求。例如,精密机床要求加工精度达到几十微米至几微米;重型机床的进给机构需要在很宽的范围内调速,最高和最低相差近 300 倍;容量几千千瓦的初轧机轧辊电动机在不到 1 s 的时间内就得完成从正转到反转的过程;高速造纸机的造纸速度达到 1000 m/min,要求稳速误差小于 0.01%。所有这些要求,都可以转化成运动控制系统的稳态和动态指标,作为设计系统时的依据。

任何需要转速控制的生产机械,其生产工艺对控制性能都有一定要求,归纳起来有以下三个方面:

(1)调速:在一定的最高转速和最低转速范围内,分档(有级)或平滑(无级)调节转速;

(2)稳速:以一定的精度在所需转速上稳定地运行,在各种干扰下不允许有过大的转速波动,以确保产品质量;

(3)加、减速:频繁起动、制动的设备要求加速、减速尽量快,以提高生产率;不宜经受剧烈速度变化的机械要求起动、制动尽量平稳。

衡量一个速度控制系统(并不只限于直流调速系统)的性能,一般规定几种性能指标。

1. 稳态指标

(1)调速范围 D

生产机械要求电动机提供的最高转速 $n_{\max}$ 和最低转速 $n_{\min}$ 之比称为调速范围,用字母 D 表示,即:

$$D = \frac{n_{\max}}{n_{\min}} \qquad (2-3)$$

调速范围 D 反映了生产机械对调速的要求,不同的生产机械对电动机的调速范围要求不同,对于少数负载很轻的机械也可用实际负载时的最高和最低转速来代替。

(2)静差率 s

当系统在某一转速下运行时,负载由理想空载增加到额定值时所对应的转速降落 Δn_{N} 与理想空载转速 n_0 之比,称为静差率 s,即:

$$s = \frac{\Delta n_{\mathrm{N}}}{n_0} \qquad (2-4)$$

或用百分数表示:

$$s = \frac{\Delta n_{\mathrm{N}}}{n_0} \times 100\% \qquad (2-5)$$

显然,静差率是用来衡量调速系统在负载变化下转速的稳定度的,它和机械特性的硬度有关,特性越硬,静差率越小,转速的稳定度就越高。

应当注意,静差率和机械特性硬度是有区别的。硬度是指机械特性的斜率,变压调速系统在不同转速下的机械特性是相互平行的,如图 2-3 中的特性 a 和 b,两者的硬度相同,额定速降

$\Delta n_{\text{Na}} = \Delta n_{\text{Nb}}$，但它们的静差率却不同，因为理想空载转速不一样。

对于同样硬度的特性，理想空载转速越低时，静差率越大，转速的相对稳定度也就越差。例如，在 n_0 为 1000 r/min 时降落 10 r/min，只占 1%；在 n_0 为 100 r/min 时同样降落 10 r/min，就占 10%。因此，调速范围和静差率这两项指标并不是彼此孤立的，必须同时兼顾才有意义。对一个调速系统，若低速时的静差率能满足设计要求，则高速时的静差率一定能满足要求了。

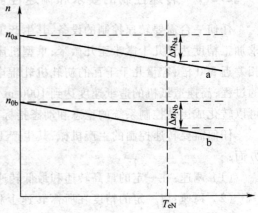

图 2-3　不同转速下的静差率

（3）调速范围、静差率和额定速降之间的关系

一般以电动机的额定转速作为最高转速，若额定负载下的转速降落为 Δn_{N}，则按照上面分析的结果，系统的静差率应该是最低速时的静差率，即：

$$s = \frac{\Delta n_{\text{N}}}{n_{0\text{min}}} = \frac{\Delta n_{\text{N}}}{n_{\text{min}} + \Delta n_{\text{N}}} \tag{2-6}$$

于是，最低转速为：

$$n_{\text{min}} = \frac{\Delta n_{\text{N}}}{s} - \Delta n_{\text{N}} = \frac{(1-s)\Delta n_{\text{N}}}{s} \tag{2-7}$$

而调速范围为：

$$D = \frac{n_{\text{max}}}{n_{\text{min}}} = \frac{n_{\text{N}}}{n_{\text{min}}} \tag{2-8}$$

将上面的式（2-8）代入式（2-7），得：

$$D = \frac{n_{\text{N}} s}{\Delta n_{\text{N}} (1-s)} \tag{2-9}$$

式（2-9）表示系统的调速范围、静差率和额定速降之间所应满足的关系。对于同一个调速系统，Δn_{N} 值一定，由式（2-9）可见，如果对静差率要求越严，即要求 s 值越小时，系统能够允许的调速范围也越小。一个调速系统的调速范围，是指在最低速时还能满足所需静差率的转速可调范围。例如，某直流调速系统电动机额定转速 $n_{\text{N}} = 1430$ r/min，额定速降 $\Delta n_{\text{N}} = 115$ r/min，当要求静差率 $s \leqslant 30\%$ 时，允许的调速范围为 $D = 5.3$；若要求 $s \leqslant 20\%$，则允许的调速范围只有 $D = 3.1$；若调速范围达到 10，则静差率只能是 $s = 44.6\%$。

2. 动态指标

运动控制系统在过渡过程中的性能指标称为动态指标，动态指标包括跟随性能指标和抗干扰性能指标两类。

（1）跟随性能指标

在给定信号（或称参考输入信号）$R(t)$ 的作用下，系统输出量 $C(t)$ 的变化情况用跟随性能指标来描述。对于不同变化方式的给定信号,其输出响应不一样。通常,跟随性能指标是在初始条件为零的情况下,以系统对单位阶跃输入信号的输出响应(称为单位阶跃响应)为依据提出的,如图2-4所示,具体的跟随性指标有下述几项。

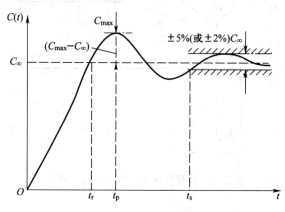

图 2-4　跟随性能指标的单位阶跃响应

① 上升时间 t_r

单位阶跃响应曲线从零起第一次上升到稳态值 C_∞ 所需的时间称为上升时间,它表示动态响应的快速性。

② 超调量 δ

动态过程中,输出量超过输出稳态值的最大偏差与稳态值之比,用百分数表示,叫做超调量,即:$\delta = \dfrac{C_{\max} - C_\infty}{C_\infty} \times 100\%$。

超调量用来说明系统的相对稳定性,超调量越小,说明系统的相对稳定性越好,即动态响应比较平稳。

③ 调节时间 t_s

调节时间又称过渡过程时间,它衡量系统整个动态响应过程的快慢。原则上它应该是系统从给定信号产生阶跃变化起,到输出量完全稳定下来为止的时间,对于线性控制系统,理论上要到 $t = \infty$ 才真正稳定。实际应用中,一般将单位阶跃响应曲线衰减到与稳态值的误差进入并且不再超出允许误差带(通常取稳态值的 $\pm 5\%$ 或 $\pm 2\%$)所需的最小时间定义为调节时间。

(2) 抗扰性能指标

控制系统在稳态运行中,如果受到扰动(如负载转矩变化、电网电压波动),就会引起输出量发生偏移。输出量变化多少?经过多长时间能恢复稳定运行?这些问题标志着控制系统抵抗扰动的能力。一般以系统稳定运行中突加一个使输出量降低的负扰动 F 以后的过渡过程作为典型的抗扰过程,如图2-5所示。

① 动态降落 $\Delta C_{\max}\%$

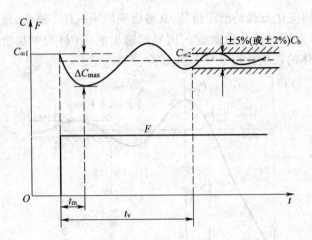

图 2-5　抗扰性能指标的单位阶跃响应

系统稳定运行时,突加一个约定的标准的负扰动量,在过渡过程中所引起的输出量最大降落值 $\Delta C_{max}\%$ 叫做动态降落,用输出量原稳态值 $C_{\infty 1}$ 的百分数来表示。输出量在动态降落后逐渐恢复,达到新的稳态值 $C_{\infty 2}$,$(C_{\infty 1}-C_{\infty 2})$ 是系统在该扰动作用下的稳态降落。动态降落一般都大于稳态降落(即静差)。调速系统突加额定负载扰动时的动态降落称作动态速降 $\Delta n_{max}\%$。

② 恢复时间 t_v

受阶跃扰动作用后系统输出量基本上恢复稳态过程中,从阶跃扰动作用开始,到该新恢复的稳态值与新稳态值 $C_{\infty 2}$ 之差进入某基准量 C_b 的 ±5%(或 ±2%)范围之内所需的时间,定义为恢复时间 t_v(见图 2-5),其中 C_b 称为抗扰指标中输出量的基准值,视具体情况选定。为什么不用稳态值作为基准呢?这是因为动态降落本身就很小,倘若动态降落小于 5%,则按进入 ±5% C_∞ 范围来定义的恢复时间只能为零,就没有什么意义了。

2.3　直流电动机开环调速及特性

改变电枢电压调速是直流调速系统采用的主要方法,调节电枢供电电压或者改变励磁磁通,都需要有专门的可控直流电源,常用的可控直流电源有以下三种。

(1) 旋转变流机组。用交流电动机和直流发电机组成机组(G-M),以获得可调的直流电压。G-M 系统具有很好的调速性能,在 20 世纪 50 年代曾广泛地使用。由于至少包含两台与调速直流电动机容量相当的旋转电机(原动机和直流发电机)和一台容量小一些的励磁发电机,因而设备多、体积大、效率低、安装需打地基、运行有噪音、维护不方便。为了克服这些缺点,在 20 世纪 50 年代开始采用静止变流装置来代替旋转变流机组,直流调速系统进入了由静止变流装置供电的时代。因此,旋转变流机组调速方式不再做进一步介绍。

(2) 静止可控整流器。用静止的可控整流器,如汞弧整流器和晶闸管整流装置,产生可调的直流电压。和旋转变流机组相比,晶闸管整流不仅在经济性和可靠性上都有很大提高,而且在技术性能上显示出很大的优越性。晶闸管可控整流器的功率放大倍数大,控制功率小,有利于微电子技术引入到强电领域。在控制作用的快速性上也大大提高,有利于改善系统的动态性能。

(3) 直流斩波器或脉宽调制变换器。用恒定直流电源或不可控整流电源供电,利用直流斩波或脉宽调制的方法产生可调的直流平均电压。

随着电力电子技术的发展,近代直流调速系统常使用以电力电子器件组成的静止式可控制直流电源作为电动机的供电电源装置。采用可控晶闸管组成整流器的是晶闸管整流器-电动机系统,采用全控型电力电子器件组成直流 PWM 变换器-电动机系统。

2.3.1 晶闸管整流器-电动机系统特性

1. 晶闸管整流器-电动机系统原理

图 2-6 绘出了晶闸管整流器-电动机系统(简称 V-M 系统)的原理图,图中 VT 是晶闸管整流器,通过调节触发装置 GT 的控制电压 U_c 来移动触发脉冲的相位,改变可控整流器平均输出直流电压 U_d,从而实现直流电动机的平滑调速。晶闸管可控整流器的功率放大倍数在 $10^4 \sim 10^5$,控制功率小,门极电流可以直接用电子控制,响应时间是毫秒级,具有快速的控制作用,运行损耗小,效率高。

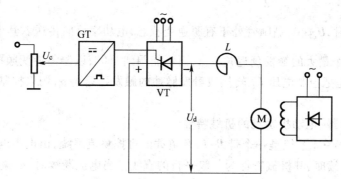

图 2-6 晶闸管整流器-电动机调速系统(V-M 系统)原理图

在理想情况下,U_c 和 U_d 之间呈线性关系:

$$U_d = K_s U_c \tag{2-10}$$

式中:U_d——平均整流电压;

U_c——控制电压;

K_s——晶闸管整流器放大系数。

在分析 V-M 系统的主电路时,如果把整流装置内阻 R_{rec} 移到装置外边,看成是其负载电路电阻的一部分,那么,整流电压便可以用其理想空载瞬时值 u_{d0} 和平均值 U_{d0} 来表示。这时,瞬时电压平衡方程式可写作:

$$u_{d0} = E + i_d R + L \frac{di_d}{dt} \qquad (2-11)$$

式中:E——电动机反电动势(V);

$\qquad i_d$——整流电流瞬时值(A);

$\qquad L$——主电路总电感(H);

$\qquad R$——主电路总电阻(Ω),包括整流装置对应的电阻、电动机电枢电阻、平波电抗器电阻。

这样,图 2-6 所示的 V-M 系统的主电路可以用图 2-7 所示的等效电路来替换。用触发脉冲的触发延迟角 α 控制整流电压的平均值 U_{d0},U_{d0} 与触发脉冲触发延迟角 α 的关系因整流电路的形式而异,对于一般的全控整流电路,当电流波形连续时,$U_{d0} = f(\alpha)$ 可用下式表示:

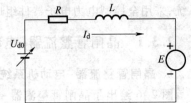

图 2-7　V-M 系统主电路等效电路

$$U_{d0} = \frac{m}{\pi} U_m \sin \frac{\pi}{m} \cos \alpha \qquad (2-12)$$

式中:α——从自然换相点算起的触发脉冲触发延迟角;

$\qquad U_m$——$\alpha = 0$ 时的整流电压波形峰值;

$\qquad m$——交流电源一周内的整流电压脉冲波数。

由式(2-12)可知,当 $0 < \alpha < \frac{\pi}{2}$ 时,$U_{d0} > 0$,晶闸管装置处于整流状态,电功率从交流侧送到直流侧;当 $\frac{\pi}{2} < \alpha < \alpha_{max}$ 时,$U_{d0} < 0$,晶闸管处于有源逆变状态,电功率反向传送。其中有源逆变状态最多只能控制到某一个最大的触发延迟角 α_{max},而不能调到180°,以避免逆变颠覆。图 2-6 中触发装置 GT 的作用就是把控制电压 U_c 转换成触发脉冲的触发延迟角 α,用以控制整流电压,达到变压调速的目的。

2. 晶闸管整流器-电动机系统的机械特性

图 2-7 所示的 V-M 系统是一个带 R-L-E 负载的可控整流系统,由电力电子技术课程可知: V-M 系统在电流连续时,其机械特性为一簇平行的直线。当电流断续时,机械特性便呈非线性。

当电流波形连续时,V-M 系统的机械特性方程式为:

$$n = \frac{1}{C_e}(U_{d0} - I_d R) \qquad (2-13)$$

整流电压的平均值 $U_{d0} = f(\alpha)$ 如式(2-12)所示,改变触发延迟角 α 可得到不同的 U_{d0},相应的机械特性为一簇平行的直线,如图 2-8 所示。图 2-9 绘出了完整的 V-M 系统机械特性,电流较小的部分画成虚线,表明此时电流波形可能断续,此时式(2-13)和式(2-12)已经不适用了,当电流连续时,特性比较硬。断续段特性则很软,而且呈显著的非线性,理想空载转速翘得较高。一般分析调速系统时,只要主电路电感足够大,可以近似地只考虑连续段,即用连续段特性及其延长线(图中虚线表示)作为系统的特性。对于断续段特性比较显著的情况,可以改用另一段较陡的直线来逼近断续段特性。因此在实际系统中主回路应串入较大的平波电抗器或避免在轻载下运行,以保证晶闸管整流电路电流连续,使系统的调速性能得到改善。

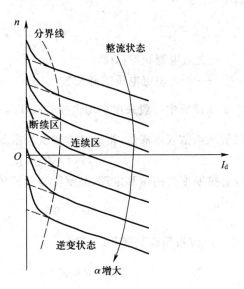

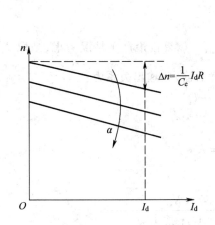

图 2-8　电流连续时 V–M 系统的机械特性
（箭头方向表示 α 增大）

图 2-9　V–M 系统的机械特性

3. 晶闸管触发和整流装置的放大系数和传递函数

进行调速系统的分析和设计时,可以把晶闸管触发器和整流装置当做系统中的一个环节来看待。应用线性控制理论时,需求出这个环节的放大系数和传递函数。

实际的触发电路和整流电路都是非线性的,只能在一定的工作范围内近似看成线性环节。如有可能,最好先用实验方法测出该环节的输入-输出特性,即 $U_d = f(U_c)$ 曲线,图 2-10 是采用锯齿波触发器移相时的 $U_d = f(U_c)$ 特性。设计时,希望整个调速范围的工作点都落在特性的近似范围内,并有一定的调节余量。这时,晶闸管触发和整流装置的放大系数 K_s 可用工作范围内的特性斜率决定,计算公式为:

$$K_s = \frac{\Delta U_d}{\Delta U_c} \qquad (2\text{-}14)$$

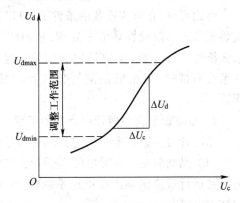

图 2-10　V–M 晶闸管触发与整流装置
的输入-输出特性和 K_s 的测定

如果没有得到实测特性,也可以根据装置的参数估算。例如,当触发电路控制电压 U_c 的调节范围是 0 ~ 10 V,对应的整流电压 U_d 的变化范围是 0 ~ 220 V 时,可取 $K_s = 220/10 = 22$。

在动态过程中,可把晶闸管触发与整流装置看成是一个纯滞后环节,其滞后效应是由晶闸管的失控时间引起的。最大失控时间 T_{smax} 是两个相邻自然换相点之间的时间,它与交流电源频率和晶闸管整流器的类型有关:

$$T_{\text{max}} = \frac{1}{mf} \tag{2-15}$$

式中：f——交流电源频率（Hz）；

　　　m——一周内整流电压的脉波数。

在实际计算中一般采用平均失控时间 $T_s = \frac{1}{2} T_{s\text{max}}$。如果按最严重情况考虑，则取 $T_s = T_{s\text{max}}$。用单位阶跃函数表示滞后，则晶闸管触发与整流装置的输入-输出关系为：

$$U_{d0} = K_s U_c \times 1(t - T_s) \tag{2-16}$$

利用拉普拉斯变换的位移定理，晶闸管装置的传递函数为：

$$W_s(s) = \frac{U_{d0}(s)}{U_c(s)} = K_s e^{-T_s s} \tag{2-17}$$

将式（2-17）按泰勒级数展开，可得：

$$W_s(s) = K_s e^{-T_s s} = \frac{K_s}{e^{T_s s}} = \frac{K_s}{1 + T_s s + \frac{1}{2!} T_s^2 s^2 + \frac{1}{3!} T_s^3 s^3 + \cdots} \tag{2-18}$$

考虑到 T_s 很小，依据工程近似处理的原则，可忽略高次项，把整流装置近似看作一阶惯性环节，则传递函数可表示为：

$$W_s(s) \approx \frac{K_s}{1 + T_s s} \tag{2-19}$$

其动态结构框图如图 2-11 所示。

由此可见，在电流连续的条件下，可以把晶闸管触发和整流装置当作一阶惯性环节来处理，从而能应用线性控制理论来分析和设计系统，实现简便实用的调速系统的工程设计。在系统调试时，可根据晶闸管整流器的特性来解决具体的问题。

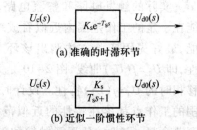

图 2-11　晶闸管触发与整流装置动态结构框图

4. 晶闸管整流器运行中存在的问题

晶闸管可控整流器组成的直流电源有它的不足之处：

（1）晶闸管是单向导电的，它不允许电流反向，给电动机的可逆运行带来困难。在可逆系统中，需要采用正反两组可控整流电路。

（2）晶闸管对过电压、过电流和过高的 du/dt 与 di/dt 都十分敏感，其中任意指标超过允许值都可能在很短的时间内损坏晶闸管。因此，必须有可靠的保护装置和符合要求的散热条件，而且在选择元件时还应保留足够的余量，以保证晶闸管装置的可靠运行。

（3）晶闸管的可控性是基于对其门级的移相触发控制，在较低速度运行时，晶闸管的导通角很小，使得系统的功率因数也随之减小，在交流侧会产生较大的谐波电流，引起电网电压的畸变，被称为"电力公害"。解决此问题需要在电网中增设无功补偿装置和谐波滤波装置。

2.3.2 直流脉宽(PWM)电源供电下的调速特性

自 20 世纪 70 年代以来,电力电子器件迅速发展,研制出多种既能控制其导通又能控制其关断的全控型器件,如门极可关断晶闸管(GTO)、电力场效应管(P-MOSFET)、绝缘栅极双极型晶体管(IGBT)等,随之出现采用脉冲宽度调制(PWM)的高频开关控制方式,形成了脉宽调制变换器-直流电动机调速系统,简称直流脉宽调速系统,或直流 PWM 调速系统。与 V-M 系统相比,直流 PWM 调速系统在很多方面有较大的优越性:

(1)采用全控型器件的 PWM 调速系统,其脉宽调制电路的开关频率高,一般在几千赫兹,因此系统的频带宽,响应速度快,动态抗扰能力强。

(2)由于开关频率高,仅靠电动机电枢电感的滤波作用就可以获得脉动很小的直流电流,电枢电流容易连续,系统的低速性能好,稳速精度高,调速范围宽,同时电动机的损耗和发热都较小。

(3)PWM 系统中,主回路的电力电子器件工作在开关状态,损耗小,效率高,而且对交流电网的影响小,没有晶闸管整流器对电网的"污染",功率因数高。

(4)主电路所需的功率元件少,线路简单,控制方便。

由于有上述优点,直流 PWM 调速系统的应用日益广泛,特别在中、小容量的系统中,已经完全取代了 V-M 系统。

1. PWM 变换器的工作状态和电压、电流波形

PWM 变换器是采用脉冲宽度调制的方法,控制开关器件的通断,把恒定的直流电源电压调制成频率一定、宽度可变的脉冲电压序列,从而可以改变平均输出电压的大小,以调节电动机的转速。PWM 变换器电路有多种形式,总体上可分为不可逆与可逆两大类,本节着重讲解不可逆 PWM 变换器。

图 2-12(a)是简单的不可逆 PWM 变换器-直流电动机系统主电路原理图,图 2-12(b)为稳态时电枢两端的电压波形,其中电力电子开关器件 VT 为 IGBT(也可用其他全控型开关器件),这样的电路又称整流降压斩波器。

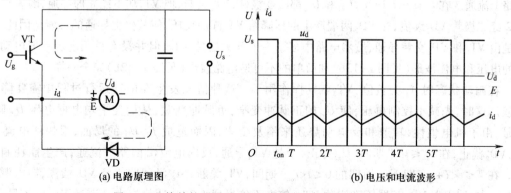

(a) 电路原理图   (b) 电压和电流波形

图 2-12 简单的不可逆 PWM 变换器-直流电动机系统

VT 的控制门极由脉宽可调的脉冲电压驱动,在一个开关周期 T 内,当 $0 \leqslant t \leqslant t_{on}$ 时,U_g 为正,VT 饱和导通,电源电压 U_s 通过 VT 加到直流电动机电枢两端。当 $t_{on} < t \leqslant T$ 时,U_g 为负,VT 关断,电枢电路中的电流通过续流二极管 VD 续流,直流电动机电枢电压近似等于零。因此,直流电动机的电枢两端的平均电压为:

$$U_d = \frac{t_{on}}{T} U_s = \rho U_s \qquad (2-20)$$

改变占空比 $\rho(0 \leqslant \rho \leqslant 1)$,$\rho = \dfrac{t_{on}}{T}$ 即可改变直流电动机电枢平均电压,实现直流电动机的调压调速。

若令 $\gamma = \dfrac{U_d}{U_s}$ 为 PWM 电压系数,则在不可逆 PWM 变换器中

$$\gamma = \rho \qquad (2-21)$$

图 2-12(b)绘出了稳态时电枢两端的电压波形 $u_d = f(t)$ 和平均电压 U_d。由于电磁惯性,电枢电流 $i_d = f(t)$ 的变化幅值比电压波形小,但仍旧是脉动的,其平均值等于负载电流 $I_{dL} = \dfrac{T_L}{C_m}$。图中还绘出了电动机的反电动势 E,由于 PWM 变换器的开关频率高,电流的脉动幅值不大,再影响到转速和反电动势,其波动就更小,一般可忽略不计。

图 2-12 所示的简单的不可逆 PWM 变换器-直流电动机系统不允许电流反向,续流二极管 VD 的作用只是提供一个续流的通道。如果要实现电动机的制动,必须为其提供反向电流通道,图2-13 所示为有制动电流通路的不可逆 PWM 变换器-直流电动机系统。图 2-13 中 VT₂ 被称为辅助管,而 VT₁ 被称为主管。VT₁ 和 VT₂ 的驱动电压大小相等极性相反,即 $U_{g1} = -U_{g2}$。图 2-13(a)的电压和电流波形有三种不同的情况,分别示于图 2-13(b)、(c)和(d),其中,图 2-13(b)是一般电动状态的波形,图 2-13(c)是制动状态的波形,图 2-13(d)是轻载电动状态的电流波形。

在一般电动状态中,i_d 始终为正值(其正方向示于图 2-13(a)中)。设 t_{on} 为导通时间,则在 $0 \leqslant t < t_{on}$ 期间,U_{g1} 为正,VT₁ 导通,U_{g2} 为负,VT₂ 关断;此时,电源电压 U_s 加到电枢两端,电流 i_d 沿图中的回路 1 流通。在 $t_{on} \leqslant t < T$ 期间,U_{g1} 和 U_{g2} 都改变极性,VT₁ 关断,但 VT₂ 却不能立即导通,因为 i_d 沿回路 2 经二极管 VD₂ 续流,在 VD₂ 两端产生的压降给 VT₂ 施加反压,使其失去导通的可能。因此,实际上是由 VT₁ 和 VD₂ 交替导通,虽然电路中多了一个开关器件 VT₂,但并没有被用上。一般电动状态下的电压和电流波形(见图 2-13b)和简单的不可逆电路波形(见图 2-12b)完全一样。

在制动状态时,i_d 为负值,VT₂ 就发挥作用了。这种情况发生在电动运行过程中需要降速的时候。这时,先减小控制电压,使 U_{g1} 的正脉冲变窄,负脉冲变宽,从而使平均电枢电压 U_d 降低。但是,由于机电惯性,转速和反电动势还来不及变化,因而造成 $E > U_d$ 的局面,很快使电流 i_d 反向,VD₂ 截止,在 $t_{on} \leqslant t < T$ 期间,U_{g2} 为正,于是 VT₂ 导通,反向电流沿回路 3 流通,产生能耗制动作用。在 $T \leqslant t < T + t_{on}$(即下一周期的 $0 \leqslant t < t_{on}$)期间,VT₂ 关断,$-i_d$ 沿回路 4 经 VD₁ 续流,向电源回馈能量。与此同时,VD₁ 两端压降钳住 VT₁,使它不能导通。在制动状态中,VT₂ 和 VD₁ 轮流导通,而

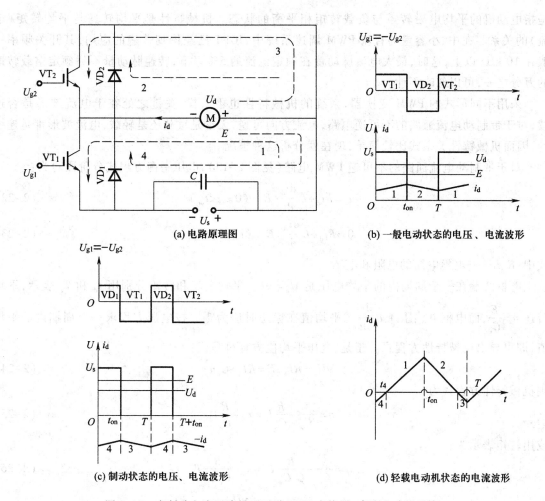

(a) 电路原理图

(b) 一般电动状态的电压、电流波形

(c) 制动状态的电压、电流波形

(d) 轻载电动机状态的电流波形

图 2-13 有制动电流通路的不可逆 PWM 变换器-直流电动机系统

VT_1 始终是关断的,此时的电压和电流波形如图 2-13(c)所示。

有一种特殊情况,即轻载电动状态,这时平均电流较小,以致在 VT_1 关断后 i_d 经 VD_2 续流时,还没有达到周期 T,电流已经衰减到零,如图 2-13(d)中 t_{on} 至 T 期间的 $t=t_2$ 时刻,这时 VD_2 两端电压也将为零,VT_2 变为提前导通,使电流反向,产生局部时间的制动作用。这样,轻载时,电流可在正负方向之间脉动,平均电流等于负载电流,一个周期分成四个阶段,如图 2-13(d)所示。

图 2-13(a)所示电路之所以称为不可逆,原因是电枢平均电压 U_d 始终大于零,极性没有改变;电流虽然能够反向,而电压和转速仍不能反向。如果要求转速反向,需要再增加 VT 和 VD,构成可逆的 PWM 变换器-直流电动机系统。

2. 直流 PWM 调速系统的机械特性

严格地说,即使在稳态情况下,直流 PWM 调速系统的转矩和转速也是脉动的。所谓稳态,是指电动机的平均电磁转矩与负载转矩相平衡的状态。机械特性是平均转速与平均转矩(电流)的关系。在中、小容量的直流 PWM 调速系统中,IGBT 已经得到普遍的应用,其开关频率一般在 10 kHz 以上,这时,最大电流脉动量在额定电流的 5% 以下,转速脉动量不到额定空载转速的万分之一,可以忽略不计。

采用不同形式的 PWM 变换器,系统的机械特性也不一样,关键之处在于电流波形是否连续,对于带制动电流通路的不可逆电路,电流方向可逆,无论是重载还是轻载,电流波形都是连续的,因而机械特性关系式比较简单,现在就分析这种情况。

对于带制动电流通路的不可逆 PWM 电路(见图 2-13),电压平衡方程式分阶段写为:

$$u_s = Ri_d + L\frac{di_d}{dt} + E \quad (0 \leqslant t < t_{on}) \tag{2-22}$$

$$0 = Ri_d + L\frac{di_d}{dt} + E \quad (t_{on} \leqslant t < T) \tag{2-23}$$

式中:R、L——电枢电路的电阻和电感。

电枢两端在一个周期内的平均电压是 $U_d = \gamma U_s$,平均电流和转矩分别用 I_d 和 T_e 表示,平均转速 $n = \dfrac{E}{C_e}$,而电枢电感压降 $L\dfrac{di_d}{dt}$ 的平均值在稳态时应为零。按电压方程求一个周期内的平均值,即可导出机械特性方程式。于是,电压平均值方程可写成:

$$\gamma U_s = RI_d + E = RI_d + C_e n \tag{2-24}$$

则机械特性方程式为:

$$n = \frac{\gamma U_s}{C_e} - \frac{R}{C_e}I_d = n_0 - \frac{R}{C_e}I_d \tag{2-25}$$

或用转矩表示为:

$$n = \frac{\gamma U_s}{C_e} - \frac{R}{C_e C_m}T_e = n_0 - \frac{R}{C_e C_m}T_e \tag{2-26}$$

式中:n_0——理想空载转速,与电压系数成正比,$n_0 = \dfrac{\gamma U_s}{C_e}$。

对于带制动作用的不可逆电路,$0 \leqslant \gamma \leqslant 1$,图 2-14 绘出了不可逆 PWM 系统的机械特性,是倾斜的直线,对于不同占空比是一簇平行的直线,直流电动机可以在第 Ⅰ 、Ⅱ 象限运行。

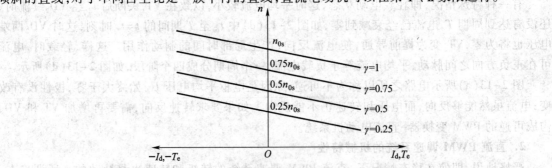

图 2-14　直流 PWM 调速系统(电流连续)的机械特性

3. PWM 控制器与变换器的动态数学模型

无论哪一种 PWM 变换器电路,其驱动电压都是由 PWM 控制器发出,PWM 控制器可以是模拟式的,也可以是数字式的。图 2-15 绘出了 PWM 控制器与变换器的框图。

PWM 控制与变换器的动态数学模型和晶闸管触发与整流装置基本一致。按照上述对 PWM 变换器工作原理和波形的分析,不难看出,当控制电压 U_c 改变时,PWM 变换器输出平均电压

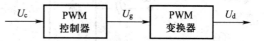

图 2-15　PWM 控制器与变换器的框图

U_g 按线性规律变化,但其影响会有延迟,最大的时延是一个开关周期 T。因此,PWM 控制器与变换器(简称 PWM 装置)也可以看成是一个滞后环节,其传递函数可以写成:

$$W_s(s) = \frac{U_d(s)}{U_c(s)} = K_s e^{-T_s s} \tag{2-27}$$

式中:K_s——PWM 装置的放大系数;

T_s——PWM 装置的延迟时间,$T_s \leqslant T$。

当开关频率为 10 kHz 时,$T = 0.1$ ms,在一般的电力拖动自动控制系统中,时间常数这么小的滞后环节可以近似看成是一个一阶惯性环节:

$$W_s(s) \approx \frac{K_s}{T_s s + 1} \tag{2-28}$$

因此与晶闸管装置传递函数完全一致。但需注意,式(2-28)是近似的传递函数,实际上 PWM 转换器不是一个线性环节,而是具有继电特性的非线性环节。

4. 直流 PWM 调速系统的电能回馈和泵升电压

直流 PWM 变换器的直流电源通常由交流电网经不可控的二极管整流器 UPE 产生,并采用大电容 C 滤波,以获得恒定直流电压 U_s。但由于直流电源靠二极管整流器供电,电动机回馈制动时,不可能回馈电能给电网,只能对滤波电容充电,这将使电容两端电压升高,称作"泵升电压"。

电力电子器件的耐压限制着泵升电压 U_{sm},因此电容器容量就不可能很小,一般几千瓦的调速系统所需的电容器达到数千微法。在大容量或者负载具有较大惯量的系统中,不可能只靠电容器来限制泵升电压,这时,可采用图 2-16 所示泵升电压限制电路中的制动电阻 R_b 来消耗掉部分电能。R_b 的分流电路靠开关器件 VT_b 在泵升电压达到允许数值时接通。对于更大容量的系统,为了提高效率,可以在二极管整流器输出端并接逆变器,把多余的能量逆变后回馈电网。当然,这样一来,系统就更加复杂。

2.3.3　开环调速系统及其存在的问题

开环调速系统即无反馈控制的直流调速系统,调节控制电压 U_c 就可以改变电动机的转速。晶闸管整流器和 PWM 变换器都是可控的直流电源,它们输入的是交流电压,输出的是可控的直流电压 U_d,用 UPE 来统一表示可控直流电源,则开环调速系统的结构原理如图 2-17 所示。

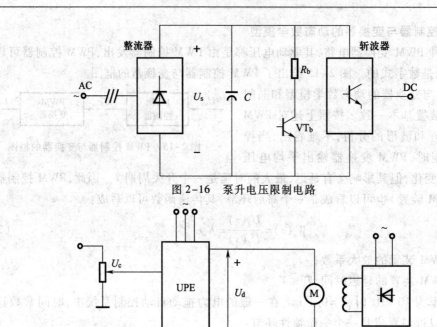

图 2-16　泵升电压限制电路

图 2-17　开环调速系统的结构原理图

进一步分析开环调速系统的机械特性,以确定它们的稳态性能指标。为了突出主要矛盾,先作如下的假定:

（1）忽略各种非线性因素,假定系统中各环节的输入-输出关系都是线性的,或者只取其线性工作段;

（2）忽略控制电源和电位器的内阻。

开环调速系统中各环节的稳态关系如下。

电力电子变换器:
$$U_{d0} = K_s U_c \tag{2-29}$$

直流电动机:
$$n = \frac{U_{d0} - I_d R}{C_e} \tag{2-30}$$

由上两式得到开环调速系统的机械特性为:
$$n = \frac{U_{d0} - I_d R}{C_e} = \frac{K_s U_c}{C_e} - \frac{I_d R}{C_e} \tag{2-31}$$

开环调速系统的稳态结构如图 2-18 所示。

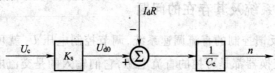

图 2-18　开环调速系统稳态结构图

从式（2-31）可知额定速降 $\Delta n_N = \dfrac{RI_d}{C_e}$。它制约了开环调速系统中的调速范围 D 和静差率 s。

在开环调速系统中，控制电压与输出转速之间只有顺向作用而无反向联系，即控制是单方向进行的，输出转速并不影响控制电压，控制电压直接由给定电压产生。如果生产机械对静差率要求不高，开环调速系统也能实现一定范围内的无级调速，而且开环调速系统结构简单。

例题 2-1 某龙门刨刀工作台拖动采用直流电动机，其额定数据如下：60 kW，220 V，305 A，1000 r/min，采用 V-M 系统，主电路总电阻 $R = 0.18\ \Omega$，电动机电动势系数 $C_e = 0.2$ V·min/r。如果要求调速范围 $D = 20$，静差率 $s \le 5\%$，采用开环调速能否满足？若要满足这个要求，系统的额定速降最多为多少？

解： 当电流连续时，V-M 系统的额定速降为：

$$\Delta n_N = \frac{I_{dN}R}{C_e} = \frac{305 \times 0.18}{0.2}\ \text{r/min} \approx 275\ \text{r/min}$$

由公式（2-6）可知，开环系统在额定转速时的静差率计算为：

$$s_N = \frac{\Delta n_N}{n_N + \Delta n_N} = \frac{275}{1000 + 275} \approx 0.216 = 21.6\%$$

可见在额定转速时已不能满足 $s \le 5\%$ 的要求了，更不要说最低速了。

由公式（2-9）可知，如果要求 $D = 20$，$s \le 5\%$，即要求：

$$\Delta n_N = \frac{n_N s}{D(1-s)} \le \frac{1000 \times 0.05}{20 \times (1-0.05)}\ \text{r/min} \approx 2.63\ \text{r/min}$$

可见，开环调速系统的额定速降太大，无法满足 $D = 20$，$s \le 5\%$ 的要求，采用转速反馈控制的直流调速系统将是解决此类问题的一种方法。

2.4 转速闭环有静差直流调速系统

为了克服开环系统的不足，根据自动控制原理，反馈控制的闭环系统是按被调量的偏差进行控制的系统，只要被调量出现偏差，它就会自动产生纠正偏差的作用。由于转速降落是由负载引起的转速偏差，显然，闭环调速系统应该能够大大减少转速降落。因此，引入转速反馈，组成转速反馈控制的闭环直流调速系统。

2.4.1 转速闭环直流调速系统组成

转速闭环直流调速系统如图 2-19 所示，系统中电动机同轴安装一台测速发电机 TG，从而引出与被测量转速成正比的负反馈电压 U_n，与给定电压 U_n^* 相比较后，得到转速偏差电压 ΔU_n，经过转速调节器 ASR 和电力电子变流器 UPE，产生可控直流电压 U_d，用以控制电机的转速。

图中 ASR 转速调节器常用比例调节器、比例积分调节器、比例积分微分调节器，后面章节分别就几种调节器所构成的闭环控制系统进行动静态性能的分析。

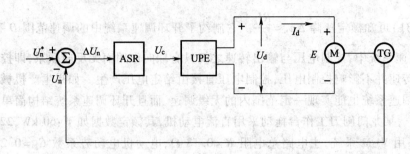

图 2-19　转速反馈的闭环直流调速系统

2.4.2　比例控制的转速闭环直流调速系统数学模型

1. 转速反馈比例控制直流调速系统的稳态结构

首先分析闭环调速系统的稳态特性,以确定它如何能够减少转速降落。当转速调节器 ASR 为比例器时,其比例系数为 K_p,根据上一节分析的开环调速系统中各环节的稳态关系,可以画出比例控制的闭环直流调速系统稳态结构框图,如图 2-20 所示,图中各方框内的文字符号代表各环节的放大系数。

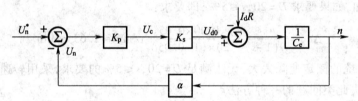

图 2-20　转速反馈闭环直流调速系统稳态结构框图

转速负反馈直流调速系统中各环节的稳态关系如下:

电压比较环节: $$\Delta U_n = U_n^* - U_n \tag{2-32}$$

比例放大环节: $$U_c = K_p \Delta U_n \tag{2-33}$$

电力电子变换器: $$U_{d0} = K_s U_c \tag{2-34}$$

直流电动机: $$n = \frac{U_{d0} - I_d R}{C_e} \tag{2-35}$$

测速反馈环节: $$U_n = \alpha n \tag{2-36}$$

从上述五个关系式中消去中间变量 ΔU_n、U_c、U_{d0} 并整理后,即得到转速负反馈闭环直流调速系统的静特性方程式:

$$n = \frac{K_p K_s U_n^* - I_d R}{C_e(1 + K_p K_s \alpha / C_e)} = \frac{K_p K_s U_n^*}{C_e(1 + K)} - \frac{R I_d}{C_e(1 + K)} \tag{2-37}$$

式中:K——闭环系统的开环放大系数,$K=\dfrac{K_{\mathrm{p}}K_{\mathrm{s}}\alpha}{C_{\mathrm{e}}}$,它相当于把反馈回路断开,从调节器输入端到转速反馈端之间各环节放大系数的乘积。

闭环调速系统的静特性表示闭环系统电动机转速与负载电流(或转矩)间的稳态关系,它在形式上与开环机械特性相似,故定名为"静特性",以示区别。

2. 转速反馈比例控制直流调速系统的动态数学模型

一个带有储能环节的线性物理系统的动态过程可以用线性微分方程描述,微分方程的解即系统的动态过程,它包括两部分:动态响应和稳态解。

转速反馈控制直流调速系统的静特性反映了电动机转速与负载电流(或转矩)的稳态关系,它是运动方程的稳态解。

如果要分析系统的动态性能,需要求出动态响应,为此,必须先建立描述系统动态物理规律的数学模型——系统的传递函数。下面我们以图 2-19 所示的转速反馈的闭环直流调速系统为例,建立各个环节及系统的数学模型,构成该系统的主要环节是电力电子变换器和直流电动机。

(1)晶闸管触发与整流装置

晶闸管触发与整流装置和 PWM 控制器与变换器的近似传递函数表达式是相同的,都是

$$W_{\mathrm{s}}(s)\approx\frac{K_{\mathrm{s}}}{T_{\mathrm{s}}s+1} \tag{2-38}$$

只是在不同场合下,参数 K_{s} 和 T_{s} 的数值不同而已。

(2)额定励磁下直流电动机传递函数

他励直流电动机在额定励磁下的等效电路绘于图 2-21,其中电枢回路总电阻 R 和电感 L 包含电力电子变换器内阻、电枢电阻和电感及可能在主电路中接入的其他电阻和电感,规定的正方向如图 2-21 所示。

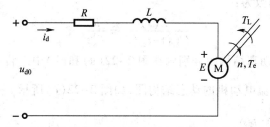

图 2-21 他励直流电动机在额定励磁下的等效电路

假定主电路电流连续,动态电压方程为:

$$u_{\mathrm{d}0}=Ri_{\mathrm{d}}+L\frac{\mathrm{d}i_{\mathrm{d}}}{\mathrm{d}t}+E \tag{2-39}$$

忽略粘性摩擦及弹性转矩,电动机轴上的动力学方程为:

$$T_{\mathrm{e}}-T_{\mathrm{L}}=\frac{GD^{2}}{375}\frac{\mathrm{d}n}{\mathrm{d}t} \tag{2-40}$$

式中：T_L——包括电动机空载转矩在内的负载转矩（N·m）；

　　GD^2——电力拖动装置折算到电动机轴上的飞轮惯量（N·m^2）。

额定励磁下的感应电动势和电磁转矩分别为：

$$E = C_e n \tag{2-41}$$

$$T_e = C_m I_d \tag{2-42}$$

式中：C_m——电动机额定励磁下的转矩系数（N·m/A），$C_m = \dfrac{30}{\pi} C_e$。

再定义下列时间常数：

　　T_1——电枢回路电磁时间常数（s），$T_1 = \dfrac{L}{R}$；

　　T_m——电力拖动系统机电时间常数（s），$T_m = \dfrac{GD^2 R}{375 C_e C_m}$。

代入式（2-39）和式（2-40），并考虑式（2-41）和式（2-42），整理后

$$u_{d0} - E = R\left(i_d + T_1 \frac{di_d}{dt}\right) \tag{2-43}$$

$$I_d - I_{dL} = \frac{T_m}{R}\frac{dE}{dt} \tag{2-44}$$

式中：I_{dL}——负载电流（A），$I_{dL} = \dfrac{T_L}{C_m}$。

　　在零初始条件下，取等式两侧的拉普拉斯变换，得到电压与电流间的传递函数为：

$$\frac{I_d(s)}{U_{d0}(s) - E(s)} = \frac{1/R}{T_1 s + 1} \tag{2-45}$$

电流与电动势间的传递函数为：

$$\frac{E(s)}{I_d(s) - I_{dL}(s)} = \frac{R}{T_m s} \tag{2-46}$$

式（2-45）和式（2-46）的动态结构图分别画在图 2-22（a）和（b）中。将两图合在一起，并考虑到

$n = \dfrac{E}{C_e}$，即得额定励磁下直流电动机的动态结构图，如图 2-22（c）所示。

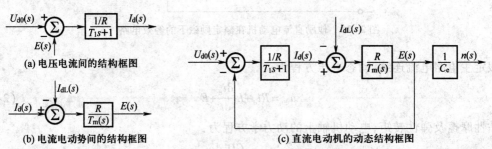

(a) 电压电流间的结构框图

(b) 电流电动势间的结构框图

(c) 直流电动机的动态结构框图

图 2-22　额定励磁下直流电动机的动态结构框图

由图 2-22(c)可以看出,直流电动机有两个输入量,一个是施加在电枢上的理想空载电压 U_{d0},另一个是负载电流 I_{dL}。前者是控制输入量,后者是扰动输入量。如果不需要在结构图中显现出电流 I_d,可将扰动量 I_{dL} 的综合点移前,再进行等效变换,得图 2-23。

由图 2-23 可以看出,额定励磁下的直流电动机是一个二阶惯性环节,T_m 和 T_1 两个时间常数分别表示机电惯性和电磁惯性。若 $T_m > 4T_1$,则 $U_{d0} \sim n$ 间的传递函数可以分解成两个惯性环节,突加给定时,转速呈单调变化;若 $T_m <$

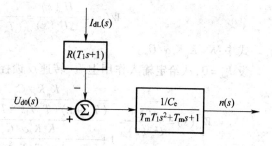

图 2-23 直流电动机动态结构框图的变换

$4T_1$,则直流电动机是一个二阶振荡环节,机械和电磁能量相互转换,使电动机的运动过程带有振荡的性质。

(3)比例放大器和测速反馈传递函数

在图 2-19 的转速反馈控制的闭环直流调速系统中还有比例放大器和测速反馈环节,它们的响应都可以认为是瞬时的,因此它们的传递函数就是它们的放大系数,即

比例放大器:
$$W_a(s) = \frac{U_c(s)}{\Delta U_n(s)} = K_p \tag{2-47}$$

测速反馈:
$$W_{fn}(s) = \frac{U_n(s)}{n(s)} = \alpha \tag{2-48}$$

(4)转速闭环调速系统动态结构框图和传递函数

获得各环节的传递函数后,按在系统中的相互关系将其组合起来,就可以画成闭环直流调速系统的动态结构框图,如图 2-24 所示。由图可见,将电力电子变换器按一阶惯性环节处理后,带比例放大器的转速反馈控制直流调速系统可以近似看作是一个三阶线性系统。

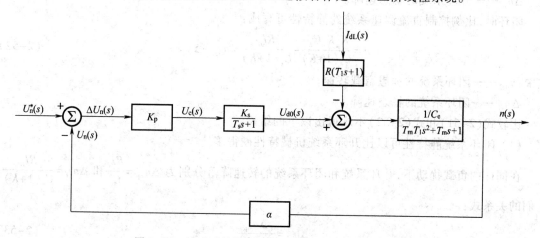

图 2-24 转速反馈控制直流调速系统的动态结构框图

由图可见,转速反馈控制的直流调速系统的开环传递函数是:

$$W(s) = \frac{U_n(s)}{\Delta U_n(s)} = \frac{K}{(T_s s + 1)(T_m T_1 s^2 + T_m s + 1)} \tag{2-49}$$

式中:$K = K_p K_s \alpha / C_e$。

设 $I_{dL} = 0$,从给定输入作用上看,转速反馈控制直流调速系统的闭环传递函数是:

$$W_{cl}(s) = \frac{n(s)}{U_n^*(s)} = \frac{\dfrac{K_p K_s / C_e}{(T_s s + 1)(T_m T_1 s^2 + T_m s + 1)}}{1 + \dfrac{K_p K_s \alpha / C_e}{(T_s s + 1)(T_m T_1 s^2 + T_m s + 1)}} = \frac{K_p K_s / C_e}{(T_s s + 1)(T_m T_1 s^2 + T_m s + 1) + K}$$

$$= \frac{\dfrac{K_p K_s}{C_e(1+K)}}{\dfrac{T_m T_1 T_s}{1+K} s^3 + \dfrac{T_m(T_1 + T_s)}{1+K} s^2 + \dfrac{T_m + T_s}{1+K} s + 1} \tag{2-50}$$

式(2-50)表明,晶闸管触发与整流装置和 PWM 控制器与变换器按照一阶惯性环节近似处理后,带比例放大器的单闭环调速系统是一个三阶系统。

2.4.3 比例控制的直流调速系统特性分析

1. 开环机械特性与闭环静特性比较

如果图 2-19 闭环直流调速系统中的转速调节器为比例放大器,则该系统的开环机械特性为:

$$n = \frac{U_{d0} - I_d R}{C_e} = \frac{K_p K_s U_n^*}{C_e} - \frac{R I_d}{C_e} = n_{0op} - \Delta n_{op} \tag{2-51}$$

式中:n_{0op}——开环系统的理想空载转速;

Δn_{op}——开环系统的稳态速降。

闭环时,比例控制直流调速系统的静特性可写成:

$$n = \frac{K_p K_s U_n^*}{C_e(1+K)} - \frac{R I_d}{C_e(1+K)} = n_{0cl} - \Delta n_{cl} \tag{2-52}$$

式中:n_{0cl}——闭环系统的理想空载转速;

Δn_{cl}——闭环系统的稳态速降。

比较式(2-51)和式(2-52)不难得出以下的结论。

(1) 闭环系统静特性可以比开环系统机械特性硬得多

在同样的负载扰动下,开环系统和闭环系统的转速降落分别为 $\Delta n_{op} = \dfrac{R I_d}{C_e}$ 和 $\Delta n_{cl} = \dfrac{R I_d}{C_e(1+K)}$,

它们的关系式:

$$\Delta n_{cl} = \frac{\Delta n_{op}}{(1+K)} \tag{2-53}$$

显然,当 K 值较大时, Δn_{cl} 比 Δn_{op} 小得多,也就是说,闭环系统的静特性要硬得多。

（2）闭环系统的静差率要比开环系统小得多

闭环系统和开环系统的静差率分别是 $s_{cl} = \dfrac{\Delta n_{cl}}{n_{0cl}}$ 和 $s_{op} = \dfrac{\Delta n_{op}}{n_{0op}}$,按理想空载转速相同的情况比较,当 $n_{0op} = n_{0cl}$ 时,

$$s_{cl} = \frac{s_{op}}{1+K} \tag{2-54}$$

（3）如果所要求的静差率一定,则闭环系统可以大大提高调速范围。

如果电动机的最高转速都是 n_N ,而对最低速静差率的要求相同,那么,调速范围、静差率和额定速降之间的关系：

开环时

$$D_{op} = \frac{n_N s}{\Delta n_{op}(1-s)}$$

闭环时

$$D_{cl} = \frac{n_N s}{\Delta n_{cl}(1-s)}$$

再考虑式(2-54),得:

$$D_{cl} = (1+K)D_{op} \tag{2-55}$$

需要指出的是,式(2-55)的条件是开环和闭环系统的 n_N 相同,而式(2-54)的条件是二者的 n_0 相同,两式的条件不一样。若在同一条件下计算,其结果在数值上会略有差别,但第(2)、(3)两点论断仍是正确的。

当给定电压相同时,闭环系统的理想空载转速为 $n_{0cl} = \dfrac{K_p K_s U_n^*}{C_e(1+K)}$,开环系统的理想空载转速为 $n_{0op} = \dfrac{K_p K_s U_n^*}{C_e}$,两者的关系为 $n_{0cl} = \dfrac{n_{0op}}{(1+K)}$ 。由此可见,闭环系统的理想空载转速大大降低。如果要维持系统的运行速度不变,使 $n_{0cl} = n_{0op}$,闭环系统所需电压 U_n^* 要为开环系统的 $(1+K)$ 倍。因此,如果开环和闭环系统使用同样水平的供电电压 U_n^* ,又要使运行速度基本相同,闭环系统必须设置放大器。

概括以上三点,可得下述结论:比例控制的直流调速系统可以获得比开环调速系统硬得多的稳态特性,在保证一定静差率的要求下,能提高调速范围,但是,需设置电压放大器和转速检测装置。

在闭环系统中,直流调速系统的额定速降仍旧是 $\Delta n_N = \dfrac{RI_N}{C_e}$,与开环调速系统相比,电枢电路电阻 R 、额定负载电流 I_N 和电动机的电动势系数 C_e 并没有发生变化,那么,闭环系统稳态速降减少的实质是什么呢?

闭环系统静特性和开环系统机械特性的关系如图 2-25 所示,设原始工作点为 A ,负载电流为 I_{d1} ;当负载增大到 I_{d2} 时,开环系统的转速必然降到 A' 所对应的数值,构成闭环系统后,由于反

馈调节作用，电压可升高到 U_{d02}，使工作点变成 B。这样，在闭环系统中，每增加（或减少）一点负载，就相应地提高（或降低）一点电枢电压，使电动机在新的机械特性下工作。闭环系统的静特性就是这样在许多开环机械特性上各取一个相应的工作点，如图 2-25 中的 A、B、C、D……再由这些工作点连接而成的。

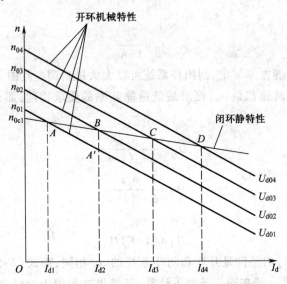

图 2-25　闭环系统静特性和开环系统机械特性的关系

由此可见，闭环系统比开环系统静态特性硬度提高的根本原因在于它的自动调节作用，在于它能随着负载的变化而相应地改变电枢电压，以补偿电枢回路电阻压降的变化。

当闭环调速系统选用比例调节器时，称为有静差系统。其调节器输出的控制电压 U_c 的大小与转速偏差电压 $\Delta U_n = U_n^* - U_n$ 成正比。如果 $\Delta U_n = 0$，则控制信号 U_c 为零，因而使系统不能工作。

通过静态特性分析可以看出，闭环调速系统的开环放大倍数 K 越大，系统静态特性就越硬，静态速降就越小，在保证所要求的静差率下其系统的调速范围就越大。总之，转速闭环控制，改善了系统的静态特性。但是有静差系统的开环放大倍数 K 值的大小还要受到系统稳定性的制约，即 K 过大将导致系统的不稳定，因此，有静差调速系统参数计算之后，必须进行稳定性校验，这是不可忽视的。

例题 2-2　在例题 2-1 中，龙门刨床要求 $D = 20$，$s \leqslant 5\%$，已知 $K_s = 30$，$\alpha = 0.015$ V·min/r，$C_e = 0.2$ V·min/r，采用比例控制闭环调速系统满足上述要求时，比例放大器的放大系数应该为多少？

解：在上例中已经求得，开环系统额定速降为 $\Delta n_{op} = 275$ r/min，但为了满足调速要求，闭环系统额定速降应为 $\Delta n_{cl} \leqslant 2.63$ r/min，由式（2-55）可得：

$$K = \frac{\Delta n_{op}}{\Delta n_{cl}} - 1 \geqslant \frac{275}{2.63} - 1 \approx 103.6$$

代入已知参数,则得:

$$K_p = \frac{K}{K_s \alpha / C_e} \geqslant \frac{103.6}{30 \times 0.015 / 0.2} \approx 46$$

即只要放大器的放大系数等于或大于46,闭环系统就能够满足所需的稳态性能指标。

2. 转速闭环系统的抗扰性能

反馈控制系统具有良好的抗扰性能,它能有效地抑制一切被负反馈环所包围的前向通道上的扰动作用。除给定信号外,作用在控制系统各环节上的一切会引起输出量变化的因素都叫做"扰动作用"。在分析静特性时,只讨论了负载变化这一扰动作用,除此以外,交流电源电压的波动(使 K_s 变化)、电动机励磁的变化(造成 C_e 变化)、放大器输出电压的漂移(使 K_p 变化)、由温升引起主电路电阻 R 的增大等,所有这些因素都和负载变化一样,都要影响到转速,都会被测速装置检测出来,再通过反馈控制的作用,减小它们对稳态转速的影响。在图 2-26 中,各种扰动作用都在稳态结构图上表示出来了,反馈控制系统对它们都有抑制功能,但是,有一种扰动除外,如果在反馈通道上的测速反馈系数 α 受到某种影响而发生变化,它非但不能得到反馈控制系统的抑制,反而会造成被调量的误差,反馈控制系统所能抑制的只是被反馈环节所包围的前向通道上的扰动。

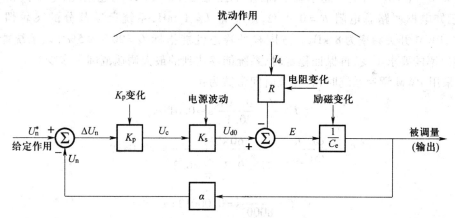

图 2-26　闭环调速系统的给定作用和扰动作用

抗扰动性能是反馈控制系统最突出的特征之一。正因为有这一特征,在设计闭环系统时,可以只考虑一种主要扰动作用,如在调速系统中只考虑负载扰动。按照克服负载扰动的要求进行设计,其他扰动也就自然都受到抑制了。

3. 比例控制闭环直流调速系统的动态稳定性条件

在比例控制的反馈控制系统中,比例系数 K_p 越大,稳态误差越小,稳态性能就越好。但是闭环调速系统是否能够正常运行,还要看系统的动态稳定性。

由转速反馈直流调速系统的闭环传递函数式(2-50)可知,比例控制闭环系统的特征方程为

$$\frac{T_m T_1 T_s}{1+K}s^3 + \frac{T_m(T_1+T_s)}{1+K}s^2 + \frac{T_m+T_s}{1+K}s + 1 = 0 \tag{2-56}$$

它的一般表达式为

$$a_0 s^3 + a_1 s^2 + a_2 s + a_3 = 0$$

根据三阶系统的劳斯-赫尔维茨判据,系统稳定的充分必要条件是

$$a_0 > 0, \quad a_1 > 0, \quad a_2 > 0, \quad a_3 > 0, \quad a_1 a_2 - a_0 a_3 > 0$$

式(2-56)的各项系数显然都是大于零的,因此稳定条件就只有

$$\frac{T_m(T_1+T_s)}{1+K} \cdot \frac{T_m+T_s}{1+K} - \frac{T_m T_1 T_s}{1+K} > 0 \quad \text{或} \quad (T_1+T_s)(T_m+T_s) > (1+K)T_1 T_s$$

整理后得:

$$K < \frac{T_m(T_1+T_s) + T_s^2}{T_1 T_s} \tag{2-57}$$

式(2-57)右边称作系统的临界放大系数 K_{cr},若 $K \geq K_{cr}$,系统将不稳定。

以上分析表明,比例控制的闭环直流调速系统的稳态误差要小与稳定性要好是矛盾的,对于自动控制系统来说,稳定性是它能否正常工作的首要条件,是必须保证的。

例题 2-3 在闭环直流调速系统中,若用全控型器件的 PWM 调速系统,电动机和上例题参数不变,已知电枢回路总电阻 $R = 0.1$ Ω,电感量 $L = 1$ mH,系统运动部分的飞轮惯量 $GD^2 = 60$ N·m²,PWM 开关频率为 8 kHz。按同样的稳态性能指标 $D = 20, s \leq 5\%$,该系统能否稳定?如果对静差率的要求不变,再保证稳定时,系统能够达到的最大调速范围是多少?

解:采用 PWM 调速系统时,各环节时间常数为:

$$T_1 = \frac{L}{R} = \frac{0.001}{0.1} \text{ s} \approx 0.01 \text{ s}$$

$$T_m = \frac{GD^2 R}{375 C_e C_m} = \frac{60 \times 0.1}{375 \times 0.2 \times \frac{30}{\pi} \times 0.2} \text{ s} \approx 0.0419 \text{ s}$$

$$T_s = \frac{1}{8000} \text{ s} = 0.000125 \text{ s}$$

按照式(2-57)的稳定条件,应有

$$K < \frac{T_m(T_1+T_s) + T_s^2}{T_1 T_s} = \frac{0.0419 \times (0.01 + 0.000125) + 0.000125^2}{0.01 \times 0.000125} \approx 339.4$$

按照稳态性能指标要求,额定负载时的闭环系统稳态速降应为 $\Delta n_{cl} \leq 2.63$ r/min(见例题 2-1),而 PWM 调速系统的开环额定速降为:

$$\Delta n_{op} = \frac{I_N R}{C_e} = \frac{305 \times 0.1}{0.2} \text{ r/min} = 152.5 \text{ r/min}$$

因此,闭环系统的开环放大系数应满足

$$K = \frac{\Delta n_{op}}{\Delta n_{cl}} - 1 \geqslant \frac{152.5}{2.63} - 1 \approx 57$$

显然,PWM调速系统能够在满足稳态性能指标要求下稳定运行。

若系统处于临界稳定状况,$K = 339.4$,这时闭环系统的稳态速降最低为:

$$\Delta n_{cl} = \frac{\Delta n_{op}}{1 + K} = \frac{152.5}{1 + 339.4} \text{ r/min} \approx 0.45 \text{ r/min}$$

则闭环系统调速环节最多可达

$$D_{cl} = \frac{n_N s}{\Delta n_{cl}(1-s)} = \frac{1\,000 \times 0.05}{0.45 \times (1 - 0.05)} \approx 117$$

可见,PWM调速系统的稳态性能指标比V-M系统大大提高。

2.5 比例积分控制的无静差直流调速系统

由以上几节分析可知,在设计闭环调速系统时,常常会遇到动态稳定性与稳态性能指标发生矛盾的情况。由于采用比例放大器的反馈控制闭环调速系统是有静差的调速系统,它是通过增大比例放大系数 K_p 来提高系统静态精度的,随着 K_p 的增大,系统的稳定性变差。为此,必须设计合适的动态校正装置,用来改造系统,使它同时满足动态稳定性和稳态性能指标两方面的要求。动态校正的方法有很多,而且对于一个系统来说,能够符合要求的校正方案也不是唯一的。在电力拖动自动控制系统中,常采用串联校正和反馈校正,对于带电力电子变换器的直流闭环调速系统,传递函数阶次较低,一般采用PID调节器的串联校正方案就能完成动态校正的任务。本节采用比例积分调节器(PI调节器)代替比例调节器,可使系统稳定,并有足够的稳定裕度,同时还能满足稳态精度指标。

2.5.1 积分调节器和积分控制规律

现在先讨论积分控制的作用,在输入转速误差信号 ΔU_n 的作用下,积分调节器的输入-输出关系为:

$$U_c = \frac{1}{\tau} \int_0^t \Delta U_n \mathrm{d}t \tag{2-58}$$

其传递函数是:

$$W_I(s) = \frac{1}{\tau s} \tag{2-59}$$

式中:τ——积分时间常数。

式(2-58)表明积分调节器的输出电压是输入电压对时间的积分。当积分调节器在输入和输出都为零时,突加一个阶跃输入,输出 U_c 也就不断线性变化,直到运算放大器饱和为止。

积分调节器具有下述特点:

（1）积累作用。只要输入端有信号，哪怕是微小信号，积分就会进行，直至输出达到饱和值（或限幅值）。只有当输入信号为零，这种积累才会停止。

（2）记忆作用。在积分过程中，如果突然使输入信号为零，其输出将始终保持在输入信号为零瞬间前的输出值。

如果采用积分调节器，则控制电压 U_c 是转速偏差电压 ΔU_n 的积分，$U_c = \dfrac{1}{\tau}\int_0^t \Delta U_n \mathrm{d}t$。当 ΔU_n 是阶跃函数时，U_c 按线性规律增长，每一时刻 U_c 的大小和 ΔU_n 与横轴所包围的面积成正比，如图 2-27（a）所示，图中 U_{cm} 是积分调节器的输出限幅值。对于闭环系统中的积分调节器，ΔU_n 不是阶跃函数，而是随着转速不断变化的，随着电动机转速的升高，ΔU_n 不断减少，但积分作用仍使 U_c 继续增加，只不过 U_c 的增长不再是线性的了，每一时刻 U_c 的大小仍和 ΔU_n 与横轴包围的面积成正比，如图 2-27（b）所示。在动态过程中，当 ΔU_n 变化时，只要其极性不变，即只要仍是 $U_n^* > U_n$，积分调节器的输出 U_c 便一直增长；只要达到 $U_n^* = U_n$，$\Delta U_n = 0$ 时，U_c 才停止上升，而达到其终值 U_{cf}。在这里，值得特别强调的是，当 $\Delta U_n = 0$ 时，U_c 并不是零，而是一个终值 U_{cf}，如果 ΔU_n 不再变化，这个终值便保持恒定而不再变化，这是积分器控制不同于比例控制的特点。正因为如此，积分控制可以使系统在无静差的情况下保持恒速运行，实现无静差调速。

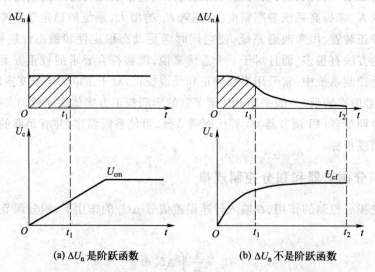

(a) ΔU_n 是阶跃函数　　　　　　　　(b) ΔU_n 不是阶跃函数

图 2-27　积分调节器的输入和输出动态过程

将以上的分析归纳起来，可得下述结论：比例调节器的输出只取决于输入偏差量的现状，而积分调节器的输出则包含了输入量的全部历史。虽然到稳态时 $\Delta U_n = 0$，只要历史有过 ΔU_n，其积分就有一定数值，足以产生稳态运行所需要的控制电压 U_c。这就是积分控制规律和比例控制规律的根本区别。

在采用比例调节器的调速系统中，调节器的输出是电力电子变换器的控制电压 $U_c = K_p \Delta U_n$。

只要电动机在运行,就必须有控制电压 U_c,因而也必须有转速调速偏差电压 ΔU_n,这是此类调速系统有静差的根本原因。

和比例控制器相比,积分控制器是可以消除静差,但在控制的快速性上,积分控制不如比例控制。如在阶跃输入作用之下,比例调节器的输出可以立即响应,而积分调节器的输出却只能逐渐的变化。那么,如果既要稳态精度高,又要动态响应快,该怎么办呢? 如果把比例和积分两组控制结合起来就行了,这便是比例积分(PI)控制。

2.5.2　比例积分控制规律及单闭环无静差调速系统

比例积分调节器(PI 控制器)是由比例和积分两部分叠加而成,其输入输出关系为:

$$U_{ex} = K_p U_{in} + \frac{1}{\tau}\int_0^t U_{in}\mathrm{d}t \tag{2-60}$$

其中 U_{in} 表示 PI 调节器的输入,U_{ex} 表示 PI 调节器的输出。其传递函数为:

$$W_{PI}(s) = K_p + \frac{1}{\tau s} = \frac{K_p \tau s + 1}{\tau s} \tag{2-61}$$

式中:K_p——PI 调节器的比例放大系数;

τ——PI 调节器的积分时间常数。

令 $\tau_1 = K_p \tau$,则 PI 调节器的传递函数也可写成如下形式

$$W_{PI}(s) = K_p \frac{\tau_1 s + 1}{\tau_1 s} \tag{2-62}$$

式(2-62)表明,PI 调节器也可用积分和比例微分两个环节表示,其中 τ_1 是微分项的超前时间常数。采用模拟控制时,可用电路原理中的运算放大器来实现 PI 调节器。

PI 调节器的输出电压 U_{ex} 由比例和积分两个部分组成,依据式(2-60)可以画出 PI 调节器在 U_{in} 为方波输入时的输出特性,如图 2-28 所示。当 $t=0$ 突加输入 U_{in} 时,由于比例部分的作用,输出量立即响应,突跳到 $U_{ex} = K_p U_{in}$,实现了快速响应;随后 $U_{ex}(t)$ 按积分规律增长,$U_{ex}(t) = K_p U_{in} + \frac{t}{\tau}U_{in}$。在 $t=t_1$ 时,输入突降到零,$U_{in} = 0$,$U_{ex} = \frac{t_1}{\tau}U_{in}$,使电力电子变换器的稳态输出电压足以克服负载电流压降,实现稳态转速无静差。这样,当单闭环调速系统采用比例积分调节器后,在突加输入偏差信号 ΔU_n 的动态过程中,在输出端 U_c 立即呈现 $U_c = K_{PI}\Delta U_n$,实现快速控制,发挥了比例控制的长处;在稳态时,又和积分调节器一样,又能发挥积分控制的作用,

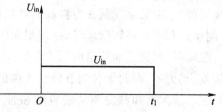
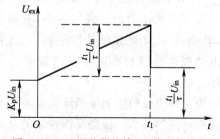

图 2-28　PI 调节器的输入-输出特性

$\Delta U_n = 0$，U_c 保持在一个恒定值上，实现稳态无静差。因此，比例积分控制综合了比例控制和积分控制两种规律的优点，又克服了各自的缺点，扬长避短，互相补充。比例部分能够迅速响应控制作用，积分控制则最终消除稳态偏差。作为控制器，比例积分调节器兼顾了快速响应和消除静差两方面的要求；作为校正装置，它又能提高系统的稳定性。所以，PI 调节器在调速系统和其他自动控制系统中得到了广泛应用。

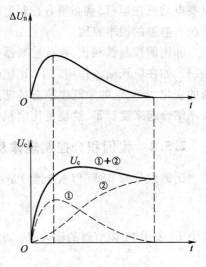

图 2-29　闭环系统中 PI 调节器
的输入-输出动态过程

在闭环调速系统中，负载扰动同样引起 ΔU_n 的变化，图 2-29 绘出了比例积分调节器的输入和输出动态过程。假设输入偏差电压 ΔU_n 的波形如图 2-29 所示，则输出波形中比例部分①和 ΔU_n 成正比，积分部分②是 ΔU_n 的积分曲线，而 PI 调节器的输出电压 U_c 是这两部分之和，即①+②。可见，U_c 既具有快速响应性能，又足以消除调速系统的静差。除此之外，比例积分调节器还是可以提高系统稳定性的校正装置，因此，它在调速系统和其他控制系统中获得了广泛的应用。

2.6　转速闭环直流调速系统的限流保护

1. 转速反馈控制直流调速系统的过电流问题

转速反馈控制直流调速系统把转速作为系统的被调节量，检测误差，纠正误差，有效地解决了调速范围和静差率的矛盾，抑制直至消除扰动造成的影响。在采用了比例积分调节器后，又能实现无静差，而数字控制又为提高调速精度提供了条件。然而转速反馈控制的直流调速系统在起、制动过程中和堵转状态时，必须限制电枢电流。

起动时，当突然加给定电压 U_n^* 时，由于系统存在的惯性，电动机不会立即转起来，转速反馈电压 U_n 仍为零，因此加在调节器输入端的偏差电压 $\Delta U_n = U_n^*$，差不多是稳态工作值的 $(1+K)$ 倍。这时由于放大器和触发驱动装置的惯性都很小，使功率变换装置的输出电压迅速达到最大值 U_{dmax}，对电动机来说相当于全电压起动，通常是不允许的。对于要求快速起制动的生产机械，给定信号多半采用突加方式。另外，有些生产机械的电动机可能会遇到堵转的情况，例如挖土机、轧钢机等，闭环系统特性很硬，若无限流措施，电流会大大超过允许值。如果依靠过电流继电器或快速熔断器进行限流保护，一过载就跳闸或烧断熔断器，将无法保证系统的正常工作。

为了解决反馈控制单闭环调速系统起动和堵转时电流过大的问题，系统中必须设有自动限制电枢电流的环节。根据反馈控制的基本概念，要维持某个物理量基本不变，只要引入该物理量的负反馈就可以了。所以，引入电流负反馈能够保持电流不变，使它不超过允许值。但是，电流负反馈的引入会使系统的静特性变得很软,不能满足一般调速系统的要求,电流负反馈的限流作用只应在起动和堵转时存在,在正常运行时必须去掉,使电流能自由地随着负载增减。这种当电流大到一定程度时才起作用的电流负反馈叫做电流截止负反馈。

2. 带电流截止负反馈环节的直流调速系统

（1）电流截止负反馈环节

电流负反馈信号的获得可以采用在交流侧的交流电流检测装置,也可以采用直流侧的直流电流检测装置。最简单的方法是在电动机电枢回路串人一个小阻值的电阻 R_s, $I_d R_s$ 是正比于电流的电压信号,设 I_{dcr} 为临界的截止电流,当 $I_d > I_{dcr}$,电流负反馈信号 U_i 起作用,当 $I_d \leqslant I_{dcr}$,电流负反馈信号被截止。为了实现这一作用,需引入比较电压 U_{com},比较电压 U_{com} 可以利用独立的电源,使反馈电压 $I_d R_s$ 和比较电压 U_{com} 进行比较。

电流截止负反馈环节的输入-输出特性如图 2-30 所示,当输入信号 $I_d R_s - U_{com} > 0$ 时,输出 $U_i = I_d R_s - U_{com}$;当 $I_d R_s - U_{com} < 0$ 时,输出 $U_i = 0$。这是一个两段线性环节,将它画在方框中,再和系统其他部分的框图连接起来,即得带电流截止负反馈的闭环直流调速系统稳态结构框图,如图 2-31 所示,图中 U_i 表示电流负反馈,U_n 表示转速负反馈。

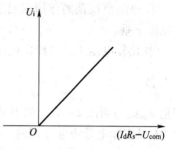

图 2-30 电流截止负反馈环节的输入-输出特性

（2）带电流截止负反馈比例控制闭环直流调速系统的稳态结构框图如图 2-31 所示,当 $I_d \leqslant I_{dcr}$ 时,电流负反馈被截止,静特性与只有转速负反馈调速系统的静特性相同,现重写如下:

$$n = \frac{K_p K_s U_n^*}{C_e(1+K)} - \frac{R I_d}{C_e(1+K)}$$

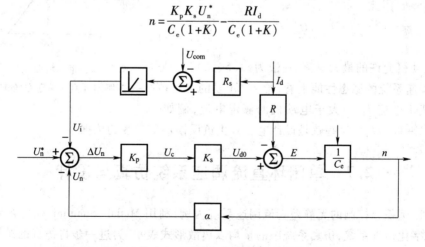

图 2-31 带电流截止负反馈的闭环直流调速系统稳态结构框图

当 $I_d \geqslant I_{dcr}$ 后,引入了电流负反馈,静特性变成

$$n = \frac{K_p K_s U_n^*}{C_e(1+K)} - \frac{K_p K_s}{C_e(1+K)}(R_s I_d - U_{com}) - \frac{R I_d}{C_e(1+K)}$$

$$= \frac{K_p K_s(U_n^* + U_{com})}{C_e(1+K)} - \frac{(R+K_p K_s R_s)I_d}{C_e(1+K)} \tag{2-63}$$

对应式(2-37)和式(2-63)的静特性如图 2-32 所示,其中式(2-37)部分静特性相当于图 2-32 中的 CA 段,它就是闭环调速系统本身的静特性,显然是比较硬的。电流负反馈起作用后,式(2-63)的静特性相当于图中的 AB 段。从式(2-63)可以看出,AB 段特性和 CA 段相比有两个特点:

① 电流负反馈的作用相当于在主电路中串入一个大电阻 $K_p K_s R_s$,因而稳态速降极大,使特性急剧下垂。

② 比较电压 U_{com} 与给定电压 U_n^* 的作用一致,好像把理想空载转速提高到

$$n_0' = \frac{K_p K_s(U_n^* + U_{com})}{C_e(1+K)} \tag{2-64}$$

即把 n_0' 提高到图 2-32 中的 D 点。当然,图中用虚线画出的 DA 段实际上是不起作用的。

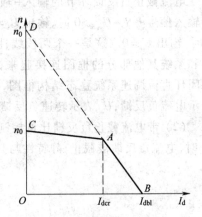

图 2-32　带电流截止负反馈比例控制闭环直流调速系统的静特性

这样的两段式静特性常称作下垂特性或挖土机特性。当挖土机遇到坚硬的石块而过载时,即使电动机停转,电流也不过是堵转电流 I_{dbl},在式(2-63)中,令 $n=0$,得:

$$I_{dbl} = \frac{K_p K_s(U_n^* + U_{com})}{R + K_p K_s R_s} \tag{2-65}$$

一般 $K_p K_s R_s \gg R$,因此:

$$I_{dbl} \approx \frac{U_n^* + U_{com}}{R_s} \tag{2-66}$$

I_{dbl} 应小于电动机允许的最大电流,一般为 $(1.5 \sim 2)I_N$。另一方面,从调速系统的稳态性能上看,希望 CA 段的运行范围足够大,截止电流 I_{dcr} 应大于电动机的额定电流,例如,取 $I_{dcr} \geqslant (1.1 \sim 1.2)I_N$。这些就是设计电流截止负反馈环节参数的依据。

2.7　单闭环直流调速系统仿真与设计

下面以比例积分控制的无静差直流调速系统为例,利用 Matlab/Simulink 软件搭建直流调速系统的全数字化仿真系统,仿真系统中的量均以离散形式表示,为进一步将仿真的结果移植到数字控制器芯片中做好前期准备及理解,读者可以根据需要将这种仿真推广到其他类型的控制系统仿真和实现中。

2.7.1 转速闭环调速系统框图及参数

针对智能车的直流电动机控制系统,转速检测通常采用光电编码器获取速度信息,速度控制器一般采用 PI 控制器,为此构建转速负反馈比例积分控制直流调速系统的仿真结构框图如图 2-33 所示。

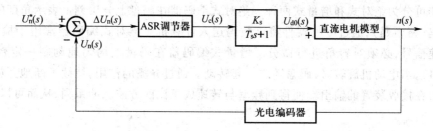

图 2-33 转速负反馈控制直流调速系统结构框图

速度闭环需要设计速度调节器,前面介绍了采用 PI 调节器的控制规律,但调节器的参数设计非常重要,关系到系统的静动态特性。第 3 章介绍了两种调节器的设计方法,因此在调节器设计方面请参考第 3 章。

下面给出智能车相关参数。

1. 智能车直流电动机参数

额定电压 $U_N = 7.2$ V,额定电流 $I_{dN} = 960$ mA,额定转速 $n_N = 12\,000$ rpm,定子电阻 $R = 5.8\ \Omega$,定子电感 $L = 0.75$ mH,电磁时间常数 $T_L = 0.000\,129\,3$ s,转矩常数 $C_m = 0.031$ N·m/A,电机惯性 $J = 1.98\mathrm{e}^{-6}(\mathrm{kg} \cdot \mathrm{m}^2)$,最大电流 $I_{max} = 2.0$ A,码盘 $N_{lines} = 500(\mathrm{Lines/rot})$,忽略阻转矩阻尼系数、扭转弹性转矩系数。

2. 驱动器参数

设计的电机驱动模块的参数如下:

PWM 装置滞后时间常数 $T_s = 0.05$ ms;

PWM 频率 10 kHz;

直流母线电压[V]:$Udc_{max} = 7.2$;

开关管死区时间系数:k_db = 1.05;

开关管最小导通时间[s] = 4.0e^{-6};

AD 采样量化[bit/V]:f_adcin = 21845;

电压量化系数[V/bit]:f_pwmout = $Udc_{max}/32767/\mathrm{k\_db} = 4.3598\mathrm{e}^{-4}$;

电压控制系数[V/bit]:Ks = f_pwmout = $4.3598\mathrm{e}^{-4}$;

电压反馈系数:s_y_crt = β * f_adcin = $5.1773\mathrm{e}^3$;

量化系数:q_crt = 64。

2.7.2　数字测速

1. 光电式旋转编码器

在图2-33中,速度检测采用光电式旋转编码器。光电式旋转编码器是检测转速或转角的元件。旋转编码器与电动机轴相连,当电动机转动时,带动编码器旋转,产生转速或转角信号。旋转编码器可分为绝对式和增量式两种。绝对式编码器在码盘上分层刻上表示角度的二进制数码或循环码(格雷码),通过接收器件将该数码送入计算机。绝对式编码器常用于检测转角,若需得到转速信号,必须对转角进行微分。增量式编码器在码盘上均匀地刻制一定数量的光栅(见图2-34),当电动机旋转时,码盘随之一起转动。通过光栅的作用,持续不断地开放或封闭光通路,因此,在接收装置的输出端便得到频率与转速成正比的方波脉冲系列,从而可以计算转速。

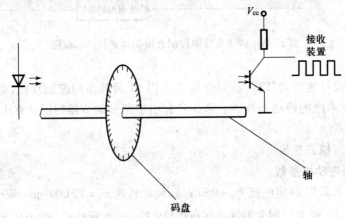

图2-34　增量式旋转编码器示意图

上述脉冲系列能正确反映转速的高低,但不能鉴别转向。为了获得转速的方向,增加了一对发光与接收装置,使两对发光与接收装置错开光栅节距的1/4,则两组脉冲系列A和B的相位差90°,如图2-35所示。正转时A相超前B相;反转时B相超前A相;采用简单的鉴相电路就可以分别出转向。

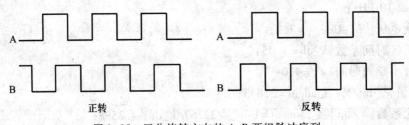

图2-35　区分旋转方向的A、B两组脉冲序列

若码盘的光栅数为N,则转速分辨率为$1/N$,常用的增量式旋转编码器光栅数有1024、2048、

4096 等。再增加光栅数,将大大增加旋转编码器的制作难度和成本。采用倍频电路可以有效地提高转速分辨率,而不增加旋转编码器的光栅数,一般多采用四倍频电路。

2. 数字测速方法的精度指标

（1）分辨率

分辨率是用来衡量测速方法对被测转速变化的分辨能力,在数字测速方法中,用改变一个计数值所对应的转速变化量表示分辨率,分辨率越小,说明测速装置对转速变化的检测越敏感,从而测速的精度也越高。

（2）测速误差率

转速实际值和测量值之差 Δn 与实际值 n 之比定义为测速误差率,记作:

$$\delta = \frac{\Delta n}{n} \times 100\% \tag{2-67}$$

测速误差率反映了测速方法的准确性,δ 越小,准确度越高。测速误差率的大小决定于测速元件的制造精度,并与测速方法有关。

3. M 法测速

采用旋转编码器的数字测速方法有三种:M 法、T 法和 M/T 法。采用 M 法,记录测速时间内光电编码器输出的脉冲数,被测电机速度越快,一周内采样的脉冲数越多,被测速度准确度越高。被测速度越低,测速相对误差越大。因此,M 法适用于高速范围的转速测量。T 法是利用高频脉冲,测量光电编码器输出脉冲之间的时间间隔实现速度测量,即在编码器输出脉冲一周时间内,计数高频脉冲,根据高频脉冲频率和个数,计算光电编码器一周的时间,以此计算转速。随着速度增加,该法所测脉冲的间隔减小,测量精度降低。在低速时准确度很高,适用于低速范围的转速测量。M/T 法综合了 M 法和 T 法的长处,既记录测速时间内码盘输出的脉冲数,又检测同一时间间隔内高频脉冲数。它在高速时相当于 M 法,在低速时相当于 T 法,是一种优良的测速方法。

这里仅介绍简单的 M 法测速。M 法是在固定采样时间内计数光电编码盘所发出的脉冲,由此计算所测电机转速。

在一定时间 T_c 内测取旋转编码器输出的脉冲个数 M_1,用以计算这段时间内的转速,称作 M 法测速。把 M_1 除以 T_c 就可得到旋转编码器输出脉冲的频率 $f_1 = M_1/T_c$,所以又称频率法。电动机每转一圈共产生 Z 个脉冲(Z = 倍频系数 × 编码器光栅数),把 f_1 除以 Z 就得到在单位时间内电动机的转速。在习惯上,把时间 T_c 以秒(s)为单位,而转速是以 r/min 为单位,则电动机的转速（单位为 r/min）为:

$$n = \frac{60 M_1}{Z T_c} \tag{2-68}$$

由于 Z 和 T_c 是常数,因此转速 n 与计数值 M_1 成正比,故此测速方法被称为 M 法测速。

用微型计算机实现 M 法测速的方法是:由系统的定时器按照采样周期的时间定期地发出一个采样脉冲信号,而计数器则记录下在两个脉冲采样信号之间的旋转编码器的脉冲个数,如图 2-36 所示。

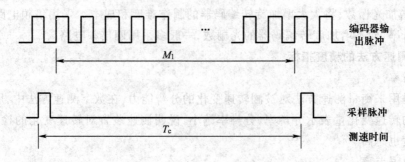

图 2-36　M 法测速原理示意图

在 M 法中,当计数值由 M_1 变为 (M_1+1) 时,按式 (2-68),相应的转速由 $60M_1/ZT_c$ 变为 $60(M_1+1)/ZT_c$,则 M 法测速分辨率为:

$$Q = \frac{60(M_1+1)}{ZT_c} - \frac{60M_1}{ZT_c} = \frac{60}{ZT_c} \tag{2-69}$$

可见,M 法测速的分辨率与实际转速的大小无关。从式 (2-69) 可知,要提高分辨率(即减小 Q),必须增大 T_c 或 Z。但在实际应用中,两者都受到限制。根据采样定理,采样周期必须是控制对象的时间常数的 $1/5 \sim 1/10$,不允许无限制地加大采样周期,而增大旋转编码器的脉冲数又受到旋转编码器制造能力的限制。

在图 2-36 中,由于脉冲计数器所计的是两个采样定时脉冲之间的旋转编码器发出的脉冲个数,而这两类脉冲的边沿是不可能一致的,因此它们之间存在着测速误差。用 M 法测速时,测量误差的最大可能性是 1 个脉冲。因此,M 法的测速误差率的最大值为:

$$\delta_{max} = \frac{\dfrac{60M_1}{ZT_c} - \dfrac{60\,(M_1-1)}{ZT_c}}{\dfrac{60M_1}{ZT_c}} \times 100\% = \frac{1}{M_1} \times 100\% \tag{2-70}$$

由式 (2-70) 可知 δ_{max} 与 M_1 成反比,转速愈低,M_1 愈小,误差率愈大。

2.7.3　直流调速系统 Matlab/Simulink 仿真

1. 进入 Matlab

单击 Matlab 命令窗口工具栏中的 Simulink 图标,或者直接键入 Simulink 命令,打开 Simulink 模块浏览器窗口。由于版本不同,各种版本模块浏览器的表示形式略有不同,但不影响基本功能的使用。

2. 构建仿真原理图

进入运动控制模型库中,根据系统结构原理框图构建仿真原理图,并用电气线及信号线进行连接。

3. 构建直流电机仿真模型

根据直流电机的基本运动方程式和动态电压方程,可得到直流电机模型如图 2-37 所示。

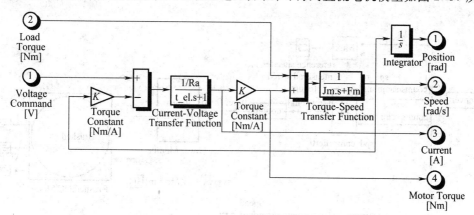

图 2-37 直流电机仿真模型

4. PI 控制器模型

根据上节所述 PI 控制器原理及限幅饱和,PI 控制器模型如图 2-38 所示。

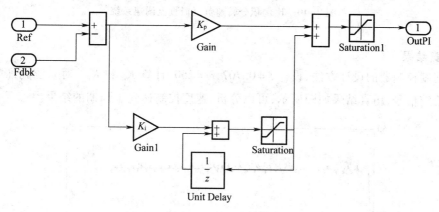

图 2-38 PI 控制器

5. 光电编码器模型

光电编码器模型如图 2-39 所示。

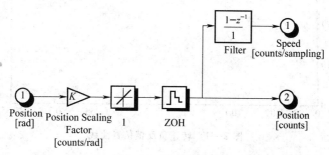

图 2-39 光电编码器

6．构建比例积分仿真系统结构框图

在仿真结构框图 2-40 中，PWM 变换器环节是一阶惯性环节，参数设置 PWM 频率为 10 kHz。

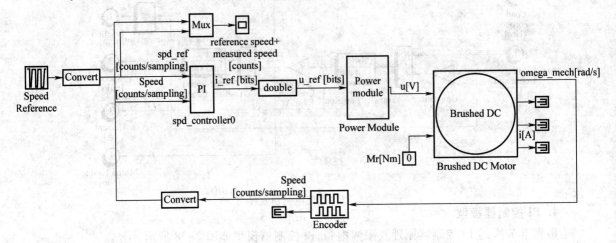

图 2-40 比例积分转速负反馈直流调速系统

7．仿真结果

根据速度控制器的设计方法，设计 $\xi=0.707$，$\omega=250$，计算 K_p 和 K_i。对系统施加如图 2-41 所示阶跃给定信号，仿真结果如图所示，可以分析，速度控制达到了预期的结果。

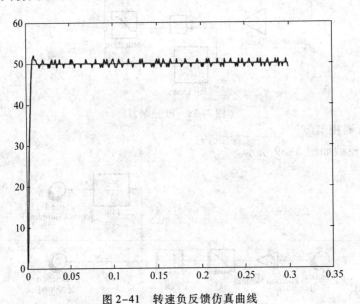

图 2-41 转速负反馈仿真曲线

2.7.4 智能车直流调速系统设计

1. 硬件架构原理

智能车硬件系统的设计原理如图 2-42 所示,相对开环系统的硬件设计,闭环系统主要增加了光电编码器对转速的检测。针对调速系统部分涉及以下几方面:

(1)主电路的设计为常见的 H 桥形式驱动电路。

(2)采用光电编码器来实现转速的检测。

(3)可选择单片机或者 DSP 作为主芯片,针对不同类型的单片机,根据功能需求对单片机进行引脚功能分配和设置。本例选择 Freescale 单片机控制器实现对智能车直流电动机的速度控制。

2. 软件架构

软件采用模块化设计,主要包括 A/D 转换、编码器速度检测与信号处理、PWM 波形发生、数字 PI 控制。

3. 软件代码自动生成

为了加快算法调试过程,运用 Matlab 工具箱中的 Real-time-workshop 工具箱可以实现代码的自动产生,结合单片机类型和对应编译器,可以快速地完成控制器算法的调试及验证。结合 Freescale 的 9s12 单片机,利用 rtmc9S12_CW_R14 工具箱,如图 2-43 所示,可以实现上述想法。

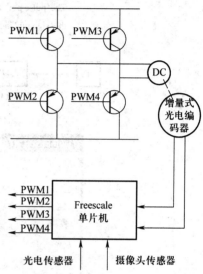

图 2-42 智能车调速系统原理

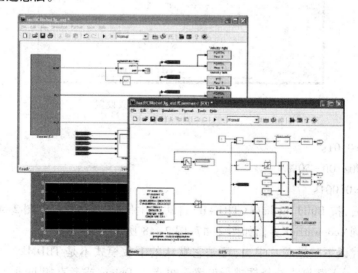

图 2-43 rtmc9S12_CW_R14 工具箱

利用 Matlab 中的 Simulink 构建 PWM 模型,使用 RTW(real time workshop)自动生成工程代码。下载到实验板 mc9s12dg128 中并通过示波器检验输出波形。

(1) 搭建 PWM 输出模块并参数设置,如图 2-44 所示。

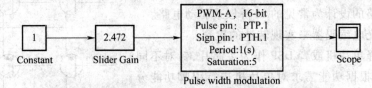

Test program-Pulse Width Modulation (PWM) .

The 'pulse pin' (always port PTP) carries the PWM signal,

the 'sign pin' indicates the direction (forward/reverse) .

图 2-44　PWM 输出模块参数设置

Sample time = 0.01 s

Duty cycle = 50/100 = 50%

PWM period = 0.001 s

(2) 设置好后,按 Build models(CTRL+B)自动产生代码,如图 2-45、图 2-46 所示。

(3) 然后转到 codewarrior 界面如图 2-47、图 2-48 所示。

(4) 需要把代码下载进芯片中去,可是它默认的下载模式不是 TBDML。当按下 Debug 时,弹出如图 2-49 所示下载模式选择框进行设置。再点击 Debug 或者直接 load 工程的 Bin 文件下

图 2-45 编译模式及界面

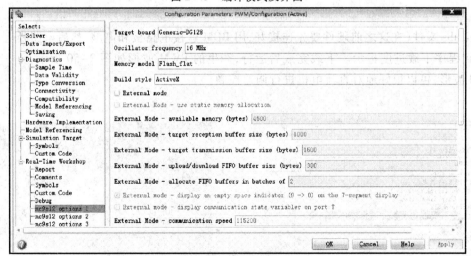

图 2-46 编译参数设置

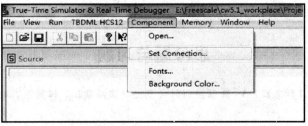

图 2-47 代码载入到 codewarrior 编译环境

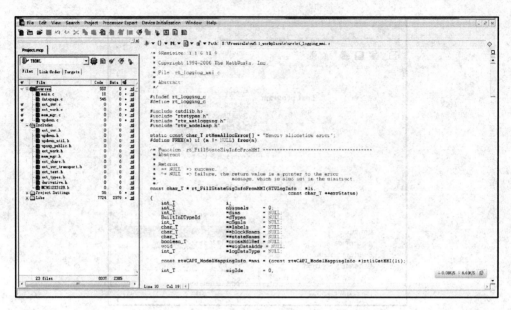

图 2-48　codewarrior 中编译代码

的 model. abs 文件(在这之前硬件要先连接好,用 BDM 连接电路板和电脑,然后电路板上电),然后会看到程序下载进度指示。下载完成后运行,产生的 PWM 波形如图 2-50 所示,是一个标准的 PWM 波形,可以很好地对直流电机进行调速控制。

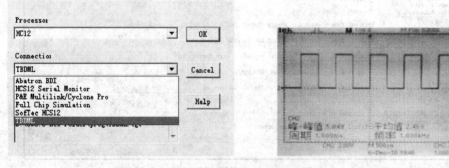

图 2-49　下载模式选择　　　　　　　　图 2-50　产生的 PWM 波形

思考题与习题

2-1　直流调速有哪几种方案? V-M 系统何时会发生电流断续? 怎样解决? 电流截止负反馈的目的是什么?

2-2　调速系统转速控制的要求? 何为静差率、调速范围? 二者有何关系? 闭环静特性与开环系统机械特性相比有何优点?

2-3 PWM-M 系统与 V-M 系统相比优点。

2-4 闭环调速系统对系统中的哪些原因引起的误差能消除? 哪些不能?

2-5 积分调速器在调速系统中为什么能消除系统的静态偏差? 在系统稳定运行时,积分调节器输入偏差电压 $\Delta U = 0$,其输出电压决定于什么? 为什么?

2-6 旋转编码器光栅数为 1024,倍频系数为 4,高频时钟脉冲频率 $f = 1$ MHz,旋转编码器输出的脉冲个数和高频时钟脉冲个数均采用 16 位计算器,M 法测速时间为 0.001 s,求转速 $n = 1\,500$ rpm 和 $n = 150$ rpm 时的测速分辨率和误差率最大值。

第3章 转速、电流双闭环直流调速系统

针对转速单闭环直流调速系统应用于轧机、车床等经常处于起动、制动工作状态的设备时，存在不能充分按照工艺要求控制电流的动态过程等问题，提出转速、电流双闭环直流调速系统的控制思想。并以一种轧机的转速、电流双闭环直流调速系统为案例，着重阐明其控制规律、性能特点和设计方法。

3.1 转速、电流双闭环直流调速系统案例——轧机直流调速系统

3.1.1 案例描述

在许多实际应用场合生产设备都有调速的要求。第2章讨论的转速单闭环直流调速系统，用 PI 调节器虽然能保证动态稳定性，实现转速稳态无静差，消除负载转矩扰动对稳态转速的影响，并用电流截止负反馈限制电枢电流的冲击，避免出现过电流现象，但在工业现场却较少得到应用，这是为什么呢？生产设备常用的直流调速方法是什么？本章将围绕某厂轧机直流调速系统设计过程对上述问题进行分析。

1. 场景描述

某厂轧机用于将厚度为 2.6 ~ 6.0 mm 的紫铜或合金胚材轧制成厚度为 1.0 ~ 2.5 mm 的成品薄板，轧制生产线如图 3-1 所示。其传动子系统由直流电动机、减速机、齿轮座和连接轴等组成。

图 3-1 板材轧制生产线

2. 任务需求

轧机工作辊的直流传动系统应能满足如下的基本工艺要求：

（1）起动到给料速度→加速到规定速度→恒速轧制→制动到给料速度→停止；

（2）在轧制时,轧机轧辊速度自动保持不变；

（3）可根据不同的轧制要求对轧机轧辊速度进行调节；

（4）能够以系统允许的最大加速度快速起动及制动。

3. 控制系统构成

轧机传动控制系统为基于 PROFIBUS-DP 现场总线构成的全数字控制系统,如图 3-2 所示。系统为主从式结构,采用 SIEMENS S7-300 型 PLC 作为主站,采用 SIEMENS 6RA70 型全数字可逆直流调速器作为从站。所有的操作、控制信号均送入 S7-300 PLC,通过现场总线传送给直流调速器,直流调速器通过 CBP2 通信板连接到 PROFIBUS-DP 现场总线,通过 PROFIBUS-DP 现场总线实现主从站间的通信。增量式旋转编码器与电动机同轴安装,用于检测电动机的实际转速,检测结果送入直流调速器的相应端口。由 6RA70 型全数字可逆直流调速器内置的电流互感器进行电动机电枢电流检测。

直流调速器能独立完成对轧机轧辊驱动电动机转速、电流的双闭环控制,使电动机按控制要求运行。

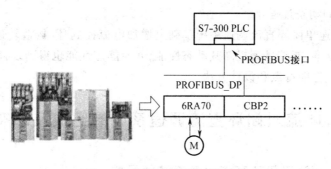

图 3-2 轧机传动控制系统结构

3.1.2 转速单闭环直流调速系统在工程应用中所存在问题分析与解决思路

轧机经常处于起动、制动以及突加负载等过渡过程中,为充分发挥生产机械的效能,提高生产效率不仅要求其调速系统具有较宽的调速范围、稳态无静差等优良的静特性,还要求其具有较好的动态性能,例如具有快速跟随特性（起制动）、较好的抗干扰特性和高可靠性（可瞬态过载但不过电流）。

但第 2 章讨论的转速单闭环直流调速系统的性能存在以下不足：

（1）不能充分按照工艺要求控制电流（或电磁转矩）的动态过程,其动态性能尚待提高。

（2）对任何扰动的自动调节作用都要通过转速的变化才能实现,然而电压、电流、负载的干扰转化为转速的变化都有延时,使得系统对扰动的抑制能力较差,增加了系统的不稳定性。

（3）转速、电流两个反馈信号加到了同一个调节器的输入端,故这两个反馈信号支路之间存在相互关联,增加了参数调整的困难。

因而此类系统在对动、静态性能要求较高的生产设备中应用较少。

那么,如何获得满足实际生产设备工艺要求的直流调速系统呢?

依据运动方程可推知:

$$I_{\mathrm{d}} - I_{\mathrm{dL}} = \frac{T_{\mathrm{m}} C_{\mathrm{e}}}{R} \frac{\mathrm{d}n}{\mathrm{d}t} \tag{3-1}$$

式中：T_{m}——机电时间常数；

　　　C_{e}——直流电机在额定磁通下的电动势系数。

要有良好的动态性能,关键是能很好地控制$\frac{\mathrm{d}n}{\mathrm{d}t}$,即很好地控制加速度,最为有效的办法是调节电枢电流,也就是电磁转矩。所以要获得转速的高性能动态响应,首先要做好电磁转矩(电枢电流)的控制,即需要构造转矩控制环,也就是电流环。

前述转速单闭环系统,用电流截止负反馈限制电枢电流的冲击,避免出现过流现象。但没有专门的调节器对电流进行单独控制,系统结构就决定了转速单闭环系统不能充分按照理想要求控制电流(或转矩)的动态过程。

由此可见,在转速单闭环直流调速系统基础上增加电流控制环,构造转速、电流双闭环调速系统是一种合理的方案,能够显著提高其动态性能,并使静态性能也得到改善。本章着重阐明其系统组成、控制规律、性能特点和设计方法。

3.2　转速、电流双闭环直流调速系统的组成及动态过程分析

3.2.1　转速、电流双闭环直流调速系统的组成

在生产实际中,为解决某一设备的调速问题,通常选用标准调速装置,这能缩短设计和投产的周期,且具有更合理的性能价格比。如 3.1 节所述选用西门子 6RA70 型直流调速器构成的轧机轧辊调速系统,其原理图如图 3-3 所示,转速、电流控制和功率驱动都由直流调速器实现。由直流调速器内置的电枢电流调节器 ACR 和作为电流检测装置的电流互感器 TA 等构成电流环,由直流调速器内置的速度调节器 ASR 和安装在直流电动机轴上作为转速检测装置的光电式旋转编码器 SE 构成速度环,从闭环结构上看,电流环在里面,称作内环,转速环在外边,称作外环。

速度调节器和电流调节器实现串级连接,转速调节器的输出当作电流调节器的输入,再用电流调节器的输出去控制电力电子变换器 UPE 的触发电路,使其输出受控的直流电压 U_{d},用受控的直流电压给电动机电枢供电,从而通过调压调速的方式实现对轧辊电机的转速调节。

图 3-3 中直流调速器的电力电子变换器为晶闸管可控整流器。调速系统中可作为可控直

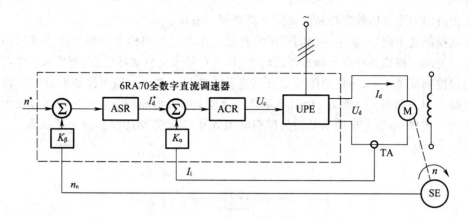

图 3-3 轧机转速、电流反馈控制直流调速系统原理图

ASR——转速调节器 ACR——电流调节器 SE——旋转编码器 TA——电流互感器

UPE——电力电子变换器 n^*——转速给定信号 n_n——转速反馈信号 I_d^*——电流给定信号

I_i——电流反馈信号 K_α——转速存储系数 K_β——电枢电流存储系数

流电源的电力电子变换器除晶闸管可控整流器外，还有 PWM 变换器等。为获得良好的静、动态性能，转速和电流两个调节器一般都采用 PI 调节器。调速系统对电流检测装置的基本要求是要能输出一个与电动机电枢回路（主电路）的电流成正比的信号，除采用电流互感器进行电流检测外，还可采用霍尔效应电流传感器等进行电流检测。系统常用的转速检测装置除旋转编码器外，还有测速发电机、桥式速度传感器等。

转速调节器 ASR 的输出限幅值决定了电流调节器给定电压的最大值，即电动机的最大电流，故其限幅值整定的大小完全取决于电动机的过载能力和系统对最大加速度的要求；电流调节器 ACR 的输出限幅值，限制了晶闸管整流器输出电压的最大值，故其需满足触发器移相范围的要求。

对于需要经常正、反转运行的可逆调速系统（如轧机调速系统），缩短起、制动过程的时间是提高生产率的重要因素。为此，在起动（或制动）过渡过程中，希望始终保持电流（电磁转矩）为允许的最大值，使调速系统以最大的加（减）速度运行。当到达稳态转速时，最好使电流立即降下来，使电磁转矩与负载转矩相平衡，从而迅速转入稳态运行。实际上，由于主电路电感的作用，电流不可能突变，为了实现在允许条件下的最快起动，关键是要获得一段使电枢电流保持为最大值 I_{dm} 的恒流过程。具有如图 3-3 所示的转速、电流双闭环结构的直流调速系统能满足上述控制要求吗？下面就其动态工作过程进行分析。

3.2.2 起动过程分析

由于设置双闭环控制的一个重要目的就是要获得接近理想的起动过程，因此在分析双闭环调速系统的动态性能时，首先就其起动过程进行分析，了解其跟随性能。目前，在轧机直流调速等实际工程应用中多采用数字控制的双闭环直流调速系统。

　　然而就控制规律而言,数字控制的双闭环直流调速系统与用模拟器件组成的双闭环直流调速系统完全等同。模拟系统具有物理概念清晰、控制信号流向直观等优点,便于入门学习。我们首先从模拟控制系统入手,分析双闭环直流调速系统的起动过程。模拟控制的双闭环直流调速系统的电路原理图如图 3-4 所示,由图可见其转速调节器及电流调节器均采用运算放大器及相应的电气元件实现,给定与反馈信号均为模拟电压信号,其动态结构图如图 3-5 所示。

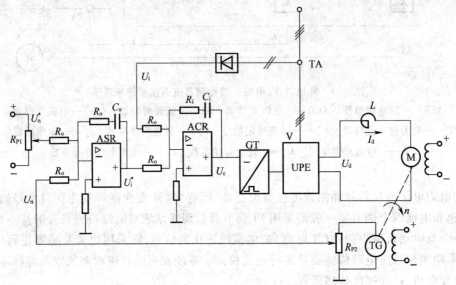

图 3-4　模拟控制的双闭环直流调速系统电路原理图

U_n^*——转速给定电压　　U_n——转速反馈电压　　U_i^*——电流给定电压

U_i——电流反馈电压　　TG——测速发电机　　TA——电流互感器

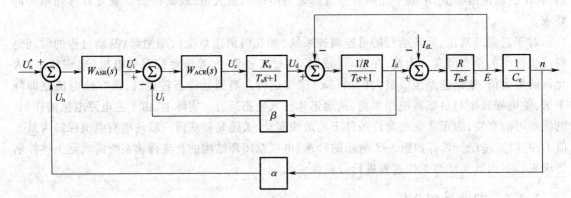

图 3-5　模拟控制的双闭环直流调速系统的动态结构图

α——转速反馈系数　　β——电流反馈系数

$W_{ASR}(s)$——转速调节器的传递函数　　$W_{ACR}(s)$——电流调节器的传递函数

　　双闭环系统起动前处于停车状态,此时 $U_n^* = 0$,$U_n = 0$,$U_c = 0$,整流电压 $U_d = 0$,电动机转速 $n = 0$。当突加阶跃给定信号 U_n^* 后,系统便进入起动过程,起动过程的转速和电流波形如图 3-6 所示。将起动过程分为三个阶段,在图中分别标以 Ⅰ、Ⅱ、Ⅲ。

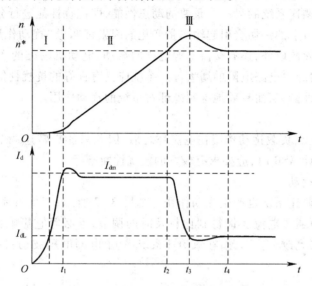

图 3-6　双闭环直流调速系统起动过程的转速和电流波形

　　第 Ⅰ 阶段($0 \sim t_1$)为电流上升阶段。系统突加给定电压 U_n^* 后,经过两个调节器的跟随作用,U_c、U_d、I_d 都上升,但是在 I_d 没有达到负载电流 I_{dL} 以前,电动机的电磁转矩 T_e 小于负载转矩 T_L,电动机还不能转动。当 $I_d \geqslant I_{dL}$ 后,电动机开始起动,由于机电惯性的作用,转速不会很快增长,因而转速调节器 ASR 的输入偏差电压($\Delta U_n = U_n^* - U_n$)的数值仍较大,ASR 很快进入并保持饱和状态,其输出电压保持限幅值 U_{im}^*,强迫电枢电流 I_d 迅速上升,直到 $I_d \approx I_{dm}$,$U_i \approx U_{im}^*$,由于 ACR 一般不饱和,电流调节器很快就压制了 I_d 的增长。在这一阶段中,ASR 很快进入饱和状态,而 ACR 一般不饱和。

　　第 Ⅱ 阶段($t_1 \sim t_2$)为恒流升速阶段。在此阶段 ASR 始终饱和,转速环相当于开环,系统成为在恒值电流给定 U_{im}^* 下的电流调节系统,基本上保持电流 I_d 恒定,因而系统的加速度恒定,转速呈线性增长,这一阶段是起动过程中的主要阶段。

　　第 Ⅲ 阶段(t_2 以后)为转速调节阶段。当转速上升到给定值 n^* 时,转速调节器 ASR 的输入偏差为零,但其输出却由于积分作用还维持在限幅值 U_{im}^*,所以电动机仍在加速,使转速超调。转速超调后,ASR 输入偏差电压变负,使它开始退出饱和状态,U_i^* 和 I_d 很快下降。但是,只要 I_d 仍大于负载电流 I_{dL},转速就继续上升。直到 $I_d = I_{dL}$ 时,转矩 $T_e = T_L$,则 $\dfrac{\mathrm{d}n}{\mathrm{d}t} = 0$,转速 n 到达峰值。此后电动机开始在负载的阻力下减速,直到稳态。

3.2.3　抗扰性能分析

一般来说,双闭环直流调速系统具有比较满意的动态性能,其优良的跟随性能已通过起动过程得以体现。现围绕调速系统的另一个重要的动态性能,即抗扰性能进行分析。除给定信号外,作用在控制系统各环节上的一切会引起输出量变化的因素都叫做"扰动作用"。例如,负载变化就是一种扰动作用。除此以外,还有交流电源电压的波动、电动机励磁的变化、运算放大器输出电压的漂移、由温升引起主电路电阻的增大等。系统应具有良好的抗扰性能,主要是抗负载扰动和抗电网电压扰动的性能,从而有效地抑制外部对系统的扰动作用。

（1）抗负载扰动

由图 3-7 可以看出,负载扰动作用在电流环之后,因此只能靠转速调节器 ASR 来产生抗负载扰动的作用。在设计 ASR 时,应要求有较好的抗扰性能指标。

（2）抗电网电压扰动

电网电压变化对调速系统也产生扰动作用。如图 3-7 所示,双闭环系统中,由于增设了电流内环,电压波动可以通过电流反馈得到比较及时的调节,不必等它影响到转速以后才反馈回来,因而使抗扰性能得到改善。因此,在双闭环系统中,由电网电压波动引起的转速变化会比单闭环系统小得多。

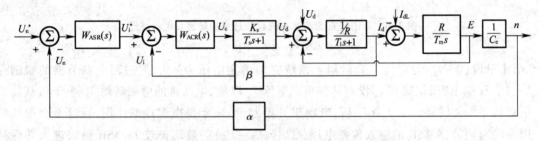

图 3-7　转速、电流双闭环系统的动态抗扰作用

3.3　转速、电流双闭环直流调速系统的稳态分析

3.3.1　稳态结构图与静特性

由 3.2 节可知,转速、电流双闭环直流调速系统具有较为理想的动态性能,那么它的静态性能如何？为了分析双闭环直流调速系统的静特性,必须先绘出它的稳态结构图,如图 3-8 所示。

分析静特性的关键是掌握转速、电流 PI 调节器的稳态特征,其稳态特征一般存在两种状况:饱和即输出达到限幅值;不饱和即输出未达到限幅值。当调节器饱和时,输出为恒值,输入量的变化不再影响输出,除非有反向的输入信号使调节器退出饱和;换句话说,饱和的调节器暂时隔

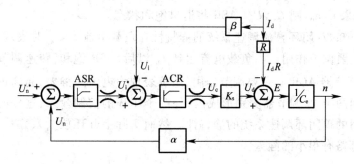

图 3-8 双闭环直流调速系统的稳态结构图

断了输入和输出间的联系,相当于使该调节环开环。当调节器不饱和时,PI 调节器工作在线性调节状态,其作用是使输入偏差电压($\Delta U_n = U_n^* - U_n$)在稳态时为零。为了实现电流的实时控制和快速跟随,希望电流调节器不要进入饱和状态,因此,对于静特性来说,只有转速调节器饱和与不饱和两种情况。

(1)转速调节器不饱和

在正常负载情况下,转速调节器不饱和,电流调节器也不饱和,稳态时,依靠调节器的调节作用,它们的输入偏差电压都是零。因此

$$U_n^* = U_n = \alpha n = \alpha n_0 \tag{3-2}$$

$$U_i^* = U_i = \beta I_d \tag{3-3}$$

式中:α、β 分别为转速和电流反馈系数。

由式(3-2)可得:

$$n = \frac{U_n^*}{\alpha} = n_0 \tag{3-4}$$

从而得到图 3-9 所示静特性的 n_0-A 段。由于 ASR 不饱和,$U_i^* < U_{im}^*$,所以 $I_d < I_{dm}$。这就是说,n_0-A 段静特性从理想空载状态的 $I_d = 0$ 一直延续到 $I_d = I_{dm}$,而 I_{dm} 一般都大于额定电流 I_{dN}。

(2)转速调节器饱和

当电动机的负载电流上升时,转速调节器的输出 U_i^* 也将上升,当 I_d 上升到某一数值时,ASR 输出达到限幅值 U_{im}^*,转速环失去调节作用,转速环呈开环状态,转速的变

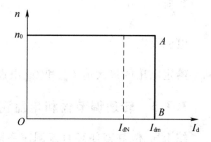

图 3-9 双闭环直流调速系统的静特性

化对转速环不再产生影响,双闭环系统变成一个电流无静差的单电流闭环调节系统。稳态时

$$I_d = \frac{U_{im}^*}{\beta} = I_{dm} \tag{3-5}$$

式(3-5)所描述的静特性是图 3-9 中的 AB 段,它是垂直的特性。这样的下垂特性只适合于 $n <$

n_0 的情况,因为如果 $n > n_0$,则 $U_n > U_n^*$,ASR 将退出饱和状态。

由以上分析可知,双闭环直流调速系统的静特性在负载电流 $I_d < I_{dm}$ 时表现为转速无静差,这时转速负反馈起主要调节作用。当负载电流达到 I_{dm} 以后,ASR 饱和,转速调节器输出为饱和电压 U_{im}^*,这时电流调节器 ACR 起主要调节作用,系统表现为电流无静差,起到过电流的自动保护作用。这就是采用两个 PI 调节器分别形成内、外两个闭环的控制效果,这样的静特性显然优于带电流截止负反馈的单闭环调速系统的静特性。然而实际上开环放大系数并不是无穷大,静特性的两段实际上都略有很小的静差。

3.3.2　稳态参数计算

综合以上分析结果可以看出,双闭环调速系统在稳态工作中,当两个调节器都不饱和时,各变量之间有下列关系:

$$U_n^* = U_n = \alpha n = \alpha n_0 \tag{3-6}$$

$$U_i^* = U_i = \beta I_d = \beta I_{dL} \tag{3-7}$$

$$U_c = \frac{U_{do}}{K_s} = \frac{C_e n + I_d R}{K_s} = \frac{C_e U_n^* / \alpha + I_{dL} R}{K_s} \tag{3-8}$$

上述关系表明,在稳态工作点上,转速 n 由给定电压 U_n^* 决定,ASR 的输出量 U_i^* 由负载电流 I_{dL} 决定,而控制电压 U_c 的大小则同时取决于 n 和 I_d,或者说,同时取决于 U_n^* 和 I_{dL}。这些关系反映了 PI 调节器不同于 P 调节器的特点。P 调节器的输出量总是正比于其输入量,而 PI 调节器则不然,其输出量的稳态值与输入无关,而是由它后面环节的需要决定。后面需要 PI 调节器提供多么大的输出值,它就提供多少,直到饱和为止。

双闭环调速系统中转速反馈系数与电流反馈系数可根据各调节器的给定与反馈值计算:

转速反馈系数:
$$\alpha = \frac{U_{nm}^*}{n_{max}} \tag{3-9}$$

电流反馈系数:
$$\beta = \frac{U_{im}^*}{I_{dm}} \tag{3-10}$$

两个给定电压的最大值 U_{nm}^* 和 U_{im}^* 由设计者选定,并受运算放大器的允许输入电压限制。

3.3.3　转速调节器和电流调节器在双闭环直流调速系统中的作用

综上所述,在双闭环直流调速系统中转速调节器和电流调节器的作用可分别归纳如下。

1. 转速调节器的作用

(1) 转速调节器是调速系统的主导调节器,它使转速 n 很快地跟随给定电压 U_n^* 变化,稳态时可减小转速误差,如果采用 PI 调节器,则可实现无静差。

(2) 转速调节器对负载变化起抗扰作用。

(3) 转速调节器输出限幅值决定电动机允许的最大电流。

2. 电流调节器的作用

（1）作为内环的调节器，在转速外环的调节过程中，电流调节器的作用是使电流紧紧跟随给定电压 U_i^* 的变化。

（2）电流调节器对电网电压的波动起及时抗扰的作用。

（3）在转速动态过程中，电流调节器可保证电动机获得允许的最大电流，从而加快动态过程。

（4）当电动机过载甚至堵转时，电流调节器限制电枢电流的最大值，起快速的自动保护作用。一旦故障消失，系统立即自动恢复正常。这个作用对系统的可靠运行十分重要。

3.4 转速、电流双闭环直流调速系统的设计方法

3.4.1 系统设计的基本原理和方法

双闭环直流调速系统是目前直流调速系统中最常用、最典型的一种，也是构成各种可逆调速系统或高性能调速装置的核心。因此，双闭环系统的设计具有很重要的实际意义。

在系统设计时，会遇到稳态、动态性能指标之间发生矛盾的情况，这时需要选择合适的调节器类型和整定控制参数，通过动态校正来改造被控系统，使之满足各项指标的要求。系统设计的关键就是调节器的设计。

由前述知识可知，具有转速反馈和电流反馈的双闭环系统，属于多环控制系统。目前都采用由内向外、一环包围一环的系统结构。每一环都设有本环的调节器，构成一个完整的闭环系统。这种结构为工程设计及调试工作带来了极大的方便。对双闭环调速系统而言，先从内环（电流环）开始，根据电流控制要求，选择电流调节器及其参数。设计完电流环之后，就把电流环等效成一个小惯性环节，作为转速环的一个组成部分，然后再完成转速调节器的设计。

本节就陈伯时教授等学者在 20 世纪 80 年代提出的"基于典型系统的工程设计方法"做介绍。

作为工程设计方法，首先要使问题简化，突出主要矛盾。简化的基本思路是把调节器的设计过程分作两步：首先选择调节器的结构，以确保系统稳定，同时满足所需的稳态精度；再选择调节器的参数，以满足动态性能指标的要求。

以上两步就把稳、准、快、抗干扰之间互相交叉的矛盾问题分成两步来解决，第一步先解决主要矛盾，即动态稳定性和稳态精度，然后在第二步中再进一步满足其他动态性能指标。

3.4.1.1 典型系统的概念

一般来说，许多控制系统的开环传递函数都可采用如下通用形式表示：

$$W(s) = \frac{K \prod_{j=1}^{m} (\tau_j s + 1)}{s^r \prod_{i=1}^{n} (T_i s + 1)} \tag{3-11}$$

在式(3-11)的分子和分母中还可能分别含有复数零点和复数极点,分母中 s^r 项表示该系统在原点处有 r 重极点,或者说,系统含有 r 个积分环节。通常按 $r=0$、1、2、3……来区分系统,分别称作 0 型、I 型、II 型、III 型……系统。0 型系统稳态精度低,而 III 型及其以上的系统很难稳定。因此,为了确保稳定性并具有较好的稳态精度,多用 I 型和 II 型系统。基于典型系统的工程设计方法是在 I 型和 II 型系统中各选择一种系统作为典型系统,保证其稳定性,并保证其具有足够的稳定裕量。设计时,首先选择调节器的结构,将闭环系统的开环传递函数校正成典型系统,然后再确定调节器的参数,以满足系统的各项动态性能指标。

1. 典型 I 型系统

在 I 型系统中,选择一个结构简单,只包含一个积分环节和一个惯性环节的二阶系统作为典型 I 型系统,其开环传递函数为:

$$W(s) = \frac{K}{s(Ts+1)} \qquad (3-12)$$

式中:T——系统的惯性时间常数;

　　　K——系统的开环增益。

典型 I 型系统的闭环系统结构图如图 3-10(a)所示,其开环对数频率特性如图 3-10(b)所示。

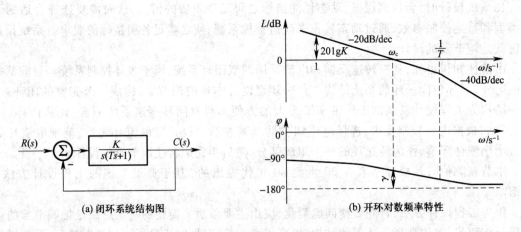

(a) 闭环系统结构图　　　　　　　　　　(b) 开环对数频率特性

图 3-10　典型 I 型系统

选择这样的系统作为典型 I 型系统是因为其结构简单,而且对数幅频特性的中频段以 $-20\mathrm{dB/dec}$ 的斜率穿越零分贝线,只要参数的选择能够保证足够的中频带宽度,系统就一定能稳定。该系统只包含开环增益 K 和时间常数 T 两个参数,时间常数 T 往往是控制对象本身固有的,唯一可变的只有开环增益 K。设计时,需要按照性能指标选择参数 K 的大小。

当 $\omega_c < \dfrac{1}{T}$ 时,由图 3-10(b)所示的开环对数频率特性可知,对数幅频特性中频段以 $-20\mathrm{dB/dec}$ 的斜率穿越零分贝线,而且宽度极大,系统稳定。

而相角稳定裕度 $\gamma = 180° - 90° - \arctan\omega_c T = 90° - \arctan\omega_c T$，$\gamma > 45°$，也说明这样选择的典型 I 型系统具有足够的稳定性。且有 $20\lg K = 20(\lg\omega_c - \lg1) = 20\lg\omega_c$，即 $K = \omega_c$。K 值越大，截止频率 ω_c 也越大，系统响应越快，但相角稳定裕度 $\gamma = 90° - \arctan\omega_c T$ 越小，系统的快速性和稳定性之间存在矛盾。在具体选择参数 K 时，需在二者之间取折中。

调速系统的电流环和简单的定位伺服系统经简化后都能等效成典型 I 型系统。

2. 典型 II 型系统

选择包含两个积分环节、一个惯性环节和一个比例微分环节的三阶系统作为典型的 II 型系统，其开环传递函数为：

$$W(s) = \frac{K(\tau s + 1)}{s^2(Ts + 1)} \tag{3-13}$$

典型 II 型系统的闭环系统结构图如图 3-11（a）所示，开环对数频率特性如图 3-11（b）所示，由特性可知，只要 $\frac{1}{\tau} < \omega_c < \frac{1}{T}$，或 $\tau > T$，就可保证中频段以 -20dB/dec 斜率穿越零分贝线，具有相当大的相角稳定裕度。

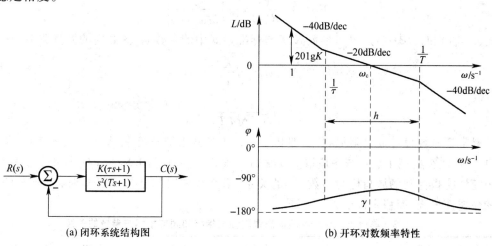

(a) 闭环系统结构图　　　　(b) 开环对数频率特性

图 3-11　典型 II 型系统

典型 II 型系统的结构虽然比典型 I 型系统复杂一些，但属于二阶无差系统，稳态精度高，且抗扰性能好，只是阶跃响应的超调量略大。调速系统的转速环和许多伺服系统经简化后都能等效成典型 II 型系统。

3.4.1.2　典型系统性能指标与参数的关系

1. 典型 I 型系统性能指标与参数的关系

（1）稳态跟随性能指标

如表 3-1 所示，在阶跃输入下的 I 型系统稳态时是无差的，在斜坡输入下则有与 K 值成反比的恒值稳态误差，在加速度输入下稳态误差为 ∞。因此，I 型系统不能用于具有加速度输入的伺服系统。

表 3-1　典型 I 型系统在不同典型输入信号作用下的稳态误差

输入信号	阶跃输入 $R(t)=R_0$	斜坡输入 $R(t)=v_0(t)$	加速度输入 $R(t)=\dfrac{a_0 t^2}{2}$
稳态误差	0	v_0/K	∞

（2）动态跟随性能指标

由式（3-12）可知，典型 I 型系统是二阶系统，其闭环传递函数为：

$$G_{cl}(s)=\frac{\dfrac{K}{T}}{s^2+\dfrac{1}{T}s+\dfrac{K}{T}} \tag{3-14}$$

典型二阶系统标准形式的闭环传递函数为：

$$W_{cl}(s)=\frac{C(s)}{R(s)}=\frac{\omega_n^2}{s^2+2\xi\omega_n s+\omega_n^2} \tag{3-15}$$

比较式（3-14）和式（3-15），可得参数 K、T 与标准形式中的参数 ω_n、ξ 之间的换算关系为：

$$\omega_n=\sqrt{\frac{K}{T}} \tag{3-16}$$

$$\xi=\frac{1}{2}\sqrt{\frac{1}{KT}} \tag{3-17}$$

一般常把系统设计成欠阻尼状态，即 $0<\xi<1$。在典型 I 型系统中，$KT<1$，代入式（3-17），可知 $\xi>0.5$，因此在典型 I 型系统中应取 $0.5<\xi<1$。表 3-2 给出了 $0.5<\xi<1$ 时典型 I 型系统各项动态跟随性能指标和频域指标与参数 KT 的关系，当系统的时间常数 T 已知时，随着 K 的增大，系统的快速性增强，而稳定性变差。

表 3-2　典型 I 型系统各项动态跟随性能指标和频域指标与参数的关系

参数关系 KT	0.25	0.39	0.50	0.69	1.0
阻尼比 ξ	1.0	0.8	0.707	0.6	0.5
超调量 $\sigma\%$	0	1.5	4.3	9.5	16.3
上升时间 t_r	∞	$6.6T$	$4.7T$	$3.3T$	$2.4T$
峰值时间 t_p	∞	$8.3T$	$6.2T$	$4.7T$	$3.6T$
相角稳定裕度 $\gamma/(°)$	76.3	69.9	65.5	59.2	51.8
截止频率 ω_c	$0.243/T$	$0.367/T$	$0.455/T$	$0.596/T$	$0.786/T$

（3）动态抗扰性能指标

当扰动作用点不同时,系统的抗扰性能也不一样。表 3-3 给出了一种典型 I 型系统动态抗扰性能指标与参数的关系。

表 3-3 典型 I 型系统动态抗扰性能指标与参数的关系

$m=\dfrac{T_1}{T_2}=\dfrac{T}{T_2}$	$\dfrac{1}{5}$	$\dfrac{1}{10}$	$\dfrac{1}{20}$	$\dfrac{1}{30}$
$\dfrac{\Delta c_{\max}}{c_b}\times100\%$	55.5%	33.2%	18.5%	12.9%
t_m/T	2.8	3.4	3.8	4.0
t_v/T	14.7	21.7	28.7	30.4

综合典型 I 型系统动、静态性能指标,将系统校正到 $KT=0.5$ 左右,能获得较好的性能。

2. 典型 II 型系统性能指标与参数的关系

如前所述,典型 II 型系统的待定参数有两个:K 和 τ。为了分析方便起见,引入一个新的变量 h,即

$$h=\frac{\tau}{T}=\frac{\omega_2}{\omega_1} \tag{3-18}$$

h 是斜率为 $-20\mathrm{dB/dec}$ 的中频段的宽度,称作“中频宽”。振荡指标法中的闭环幅频特性峰值 M_r 最小准则表明,对于一定的 h 值,只有一个确定的 ω_c(或 K),可以得到最小的闭环幅频特性峰值 $M_{r(\min)}$。根据这一准则,可以找到 h 和 ω_c 这两个参数之间的一种最佳配合。在这一准则下的“最佳频比”是

$$\frac{\omega_2}{\omega_c}=\frac{2h}{h+1} \tag{3-19}$$

$$\frac{\omega_c}{\omega_1}=\frac{h+1}{2} \tag{3-20}$$

对应的最小闭环幅频特性峰值 $M_{r(\min)}$ 是

$$M_{r(\min)}=\frac{h+1}{h-1} \tag{3-21}$$

确定了 h 和 ω_c 之后,可以很方便地确定 τ 和 K。

由 h 的定义可知

$$\tau=hT \tag{3-22}$$

由图 3-10(b)可知

$$20\lg K=40(\lg\omega_1-\lg1)+20(\lg\omega_c-\lg\omega_1)=20\lg\omega_1\omega_c$$

因此

$$K=\omega_1\omega_c \tag{3-23}$$

再由式(3-20)得

$$K = \omega_1 \omega_c = \frac{h+1}{2h^2 T^2} \qquad (3\text{-}24)$$

式(3-22)和式(3-24)是计算典型 II 型系统参数的公式。

(1) 稳态跟随性能指标

在不同的典型输入信号作用下 II 型系统的稳态误差列于表 3-4 中。可见,在阶跃输入和斜坡输入下,II 型系统在稳态时都是无差的;在加速度输入下,稳态误差的大小与开环增益 K 成反比。

表 3-4　典型 II 型系统在不同的典型输入信号作用下的稳态误差

输入信号	阶跃输入 $R(t) = R_0$	斜坡输入 $R(t) = v_0(t)$	加速度输入 $R(t) = \dfrac{a_0 t^2}{2}$
稳态误差	0	0	v_0/K

(2) 动态跟随性能指标

典型 II 型系统的阶跃输入跟随性能指标列于表 3-5 中。

表 3-5　典型 II 型系统的阶跃输入跟随性能指标(按 $M_{r(\min)}$ 准则确定参数关系)

h	3	4	5	6	7	8	9	10
$s\%$	52.6	43.6	37.6	33.2	29.8	27.2	25.0	23.3
t_r/T	2.40	2.65	2.85	3.0	3.1	3.2	3.3	3.35
t_s/T	12.15	11.65	9.55	10.45	11.30	12.25	13.25	14.20
K	3	2	2	1	1	1	1	1

从表 3-5 中可见,由于过渡过程的衰减振荡性质,调节时间随 h 的变化不是单调的,$h=5$ 时的调节时间最短。此外,h 减小时,上升时间快,h 增大时,超调量小,把各项指标综合起来看,以 $h=5$ 的动态跟随性能比较适中。

(3) 动态抗扰性能指标

不同 h 值时典型 II 型系统的动态抗扰性能指标与参数的关系列于表 3-6 中。

表 3-6　典型 II 型系统动态抗扰性能指标与参数的关系

h	3	4	5	6	7	8	9	10
$\dfrac{\Delta c_{\max}}{c_b}(\%)$	72.2	77.5	81.2	84.0	86.3	88.1	89.6	90.8
t_m/T	2.45	2.70	2.85	3.00	3.15	3.25	3.30	3.40
t_v/T	13.60	10.45	8.80	12.95	16.85	19.80	22.80	25.85

由表 3-6 可见，h 值越小，$\Delta c_{\max}/c_b$ 也越小，t_m 和 t_v 都短，因而抗扰性能越好。但是，当 $h<5$ 时，由于振荡次数的增加，h 进一步减小，恢复时间 t_v 反而拖长了。由此可见，$h=5$ 是较好的选择，这与跟随性能中调节时间最短的条件一致。

在具体设计工作中，实际控制对象的结构多种多样，有时在配上调节器后，并不能校正成典型系统的形式，需要对控制对象的传递函数做近似处理后，才能选择适当的调节器，使整体系统构成典型 I 型系统或典型 II 型系统。

3.4.1.3　调节器的设计步骤

按工程设计方法进行转速、电流反馈控制直流调速系统调节器设计的步骤如下：

（1）根据生产工艺对系统性能的要求，确定典型系统的类型和期望参数。

（2）进行被控对象数学模型的近似处理。通过高频段小惯性环节的近似处理、高阶系统的降阶近似处理、低频段大惯性环节的近似处理以及纯滞后环节的近似处理等措施，将被控对象的传递函数近似为易于被调节器校正成典型系统的形式。

（3）进行调节器的结构设计。针对不同的被控对象模型结构，设计调节器的类型。

（4）进行调节器参数选择。通过选择适合的参数，用调节器的零、极点对消掉被控对象的零、极点，将非典型系统校正成典型系统。表 3-7 和表 3-8 给出了几种校正成典型 I 型和典型 II 型系统的控制对象和相应调节器的传递函数，同时给出了参数配合关系。

（5）调节器参数计算。根据调节器参数与典型系统参数的关系，计算出相应的调节器参数值。

（6）系统性能的校核。检验所设计的调节器是否能控制电力传动控制系统达到生产工艺要求。

表 3-7　校正成典型 I 型系统的调节器传递函数和参数配合

控制 对象	$\dfrac{K_2}{(T_1s+1)(T_2s+1)}$ $T_1>T_2$	$\dfrac{K_2}{Ts+1}$	$\dfrac{K_2}{s(Ts+1)}$	$\dfrac{K_2}{(T_1s+1)(T_2s+1)(T_3s+1)}$ $T_1、T_2>T_3$	$\dfrac{K_2}{(T_1s+1)(T_2s+1)(T_3s+1)}$ $T_1\gg T_2、T_3$
调节 器	$\dfrac{K_{PI}(\tau s+1)}{\tau s}$	$\dfrac{K_1}{s}$	K_P	$\dfrac{(\tau_1 s+1)(\tau_2+1)}{\tau s}$	$\dfrac{K_{PI}(\tau s+1)}{\tau s}$
参数 配合	$\tau=T_1$			$\tau_1=T_1,\tau_2=T_2$	$\tau=T_1$ $T_\Sigma=T_2+T_3$

表 3-8　校正成典型 II 型系统的调节器传递函数和参数配合

控制 对象	$\dfrac{K_2}{s(Ts+1)}$	$\dfrac{K_2}{(T_1s+1)(T_2s+1)}$ $T_1\gg T_2$	$\dfrac{K_2}{s(T_1s+1)(T_2s+1)}$ $T_1、T_2$ 相近	$\dfrac{K_2}{s(T_1s+1)(T_2s+1)}$ $T_1、T_2$ 都很小	$\dfrac{K_2}{(T_1s+1)(T_2s+1)(T_3s+1)}$ $T_1\gg T_2、T_3$

续表

调节器	$\dfrac{K_{\mathrm{PI}}(\tau s+1)}{\tau s}$	$\dfrac{K_{\mathrm{PI}}(\tau s+1)}{\tau s}$	$\dfrac{(\tau_1 s+1)(\tau_2+1)}{\tau s}$	$\dfrac{K_{\mathrm{PI}}(\tau s+1)}{\tau s}$	$\dfrac{K_{\mathrm{PI}}(\tau s+1)}{\tau s}$
参数配合	$\tau=hT$	$\tau=hT_2$	$\tau_1=hT_1,\tau_2=T_2$	$\tau=h(T_1+T_2)$	$\tau=h(T_2+T_3)$

3.4.2　基于"典型系统工程设计方法"的轧机工作辊传动系统调节器参数设计

3.1 节所述的轧机直流调速系统为转速、电流反馈的数字控制系统,当采样频率足够高时,可以把它近似地看成是模拟系统,先按模拟系统理论来设计调节器的参数,然后再离散化,得到数字控制算法。在此即先应用所介绍的"典型系统工程设计方法",按模拟系统理论完成 3.1 节所述轧机系统转速、电流调节器的参数设计,然后再将得到的调节器数字化。

轧机工作辊传动系统的基本参数如下。

直流电动机:$P_{\mathrm{N}}=550$ kW,$U_{\mathrm{N}}=750$ V,$I_{\mathrm{N}}=780$ A,$n_{\mathrm{N}}=1\,000$ r/min,$C_e=0.25$ V·min/r,$GD^2=283.5$ N·m^2,允许过载倍数 $\lambda=1.5$;

晶闸管装置:采用三相桥式整流电路,晶闸管触发整流装置放大倍数 $K_s=80$,平均延迟时间 $T_s=0.001\,7$ s;

电枢回路总电感:$L=13$ mH;电枢回路总电阻:$R=2.0$ Ω;速度调节器饱和输出电压:$U_{\mathrm{im}}^*=\pm10$ V;电流调节器饱和输出电压:$U_{\mathrm{cm}}=\pm10$ V。

设计要求:

① 设计电流调节器,要求电流超调量 $\sigma_i\leqslant5\%$;

② 设计转速调节器,空载起动到额定转速时的转速超调量 $\sigma_n\leqslant10\%$;

③ 要求调速范围为 $D=10$,静差率 $s\leqslant2\%$。

1. 系统固有参数计算

① 电枢回路电磁时间常数:$T_1=\dfrac{L}{R}=\dfrac{0.013}{2}=0.006\,5$ s

② 电动机转矩系数:$C_{\mathrm{m}}=\dfrac{30}{\pi}C_e=9.55C_e=9.55\times0.25\approx2.39$ N·m/A

③ 机电时间常数:$T_{\mathrm{m}}=\dfrac{GD^2R}{375C_{\mathrm{m}}C_e}=\dfrac{283.5\times2.0}{375\times2.387\,5\times0.25}\approx2.53$ s

2. 预选参数

① 电流反馈系数 β

最大允许电流　　　　　　　　$I_{\mathrm{dm}}=\lambda I_{\mathrm{N}}=1.5\times780=1\,170$ A

电流反馈系数　　　　　　　　$\beta=\dfrac{U_{\mathrm{im}}^*}{I_{\mathrm{dm}}}=\dfrac{10}{1\,170}\approx0.008\,5$ V/A

② 转速反馈系数 α

$$\alpha = \frac{(U_n^*)_N}{n_N} = \frac{10}{1\ 000} = 0.01\ \text{V} \cdot \text{min/r}$$

③ 电流滤波时间常数 T_{oi} 及转速滤波时间常数 T_{on}

由于电流检测信号和转速检测信号中含有谐波分量，而这些谐波分量会使系统产生振荡，所以需要加反馈滤波环节。滤波环节可以抑制反馈信号中的谐波分量，但同时也给反馈信号带来惯性的影响，为了平衡这一惯性环节的影响，在调速器给定输入端也加入一个同样参数的给定滤波环节。电流滤波时间常数 T_{oi} 一般取 $1 \sim 3$ ms，转速滤波时间常数 T_{on} 一般取 $5 \sim 20$ ms。对滤波时间常数，若取得过小，则滤不掉信号中的谐波，影响系统稳定。但若取得过大，将会使过渡过程增加，降低系统的快速性。

本设计中
$$T_{on} = 10\ \text{ms} = 0.01\ \text{s}$$
$$T_{oi} = 2\ \text{ms} = 0.002\ \text{s}$$

增加了滤波环节，包括电流滤波、转速滤波和两个给定信号滤波环节的双闭环调速系统的实际动态结构图如图 3-12 所示。

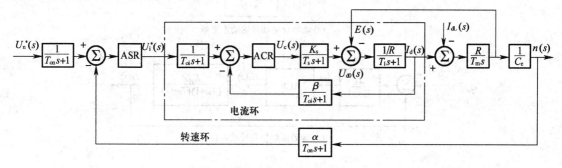

图 3-12 双闭环调速系统的动态结构图

T_{oi}——电流反馈滤波时间常数；T_{on}——转速反馈滤波时间常数

3. 电流调节器参数设计

图 3-12 所示点画线框内是电流环的动态结构图，其中，反电动式与电流反馈的作用相互交叉，这将给设计工作带来麻烦。实际上，反电动势与转速成正比，它代表转速对电流环的影响。在一般情况下，系统的电磁时间常数 T_1 远小于机电时间常数 T_m，因此，转速的变化往往比电流变化慢得多。对电流环来说，反电动势是一个变化比较慢的扰动，在电流的瞬变过程中，可以认为反电动势基本不变，即 $\Delta E \approx 0$。这样，在按动态性能设计电流环时，可以暂不考虑反电动势变化的动态影响，得到忽略电动势影响的电流环近似结构图，如图 3-13(a) 所示。忽略反电动势对电流环作用的近似条件是：

$$\omega_{ci} \geqslant 3 \sqrt{\frac{1}{T_m T_1}} \tag{3-25}$$

式中：ω_{ci}——电流环开环频率特性的截止频率。

如果把给定滤波和反馈滤波同时等效地移到环内前向通道上，再把给定信号改成 $\dfrac{U_i^*(s)}{\beta}$，则电流环便等效成单位负反馈系统（见图 3–13（b））。

由于 T_s 和 T_{oi} 一般都比 T_1 小得多，可以当作小惯性群而近似地看作是一个惯性环节，其时间常数为：

$$T_{\Sigma i}=T_s+T_{oi} \tag{3-26}$$

则电流环结构图最终简化成图 3–13（c）。可以证明简化的近似条件为

$$\omega_{ci}\leqslant\frac{1}{3}\sqrt{\frac{1}{T_s T_{oi}}} \tag{3-27}$$

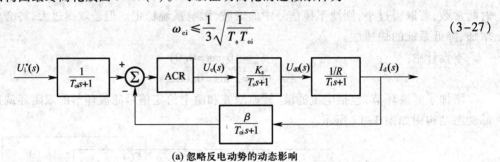

(a) 忽略反电动势的动态影响

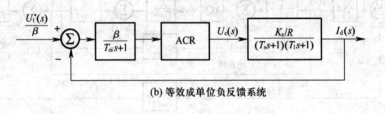

(b) 等效成单位负反馈系统

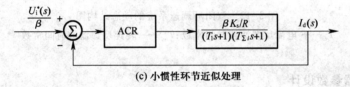

(c) 小惯性环节近似处理

图 3–13　电流环的动态结构图及其化简

① 确定时间常数

整流装置滞后时间常数 $T_s=0.0017\text{ s}$。

② 选择电流调节器结构

从稳态要求上看，希望电流无静差，可以得到理想的堵转特性，由图 3–13（c）可以看出，采用 I 型系统就足够了。再从动态要求上看，设计要求 $\sigma_i\leqslant5\%$，不允许电枢电流在突加控制作用时有太大的超调，以保证电流在动态过程中不超过允许值，因而对电网电压波动的及时抗扰作用只是次要的因素，为此，电流环应以跟随性能为主，即应选用典型 I 型系统。

如图 3-13(c)所示,电流环的控制对象是两个时间常数大小相差较大的双惯性型的控制对象,参考表 3-7,采用 PI 型的电流调节器将电流环校正成典型 I 型系统,调节器的传递函数可以写成

$$W_{ACR}(s) = \frac{K_i(t_i s + 1)}{t_i s} \tag{3-28}$$

式中:K_i——电流调节器的比例系数;

$\quad t_i$——电流调节器的超前时间常数。

③ 计算电流调节器参数

电流调节器超前时间常数:因为 $T_l = 0.0065$ s,$T_{\Sigma i} = T_s + T_{oi} = 0.0037$ s,$T_l > T_{\Sigma i}$,所以选择 $t_i = T_l = 0.0065$ s,用调节器零点消去控制对象中大的时间常数极点,以便校正成典型 I 型系统,因此电流环的开环传递函数为:

$$W_{opi}(s) = \frac{K_i \beta K_s / R}{t_i s (T_{\Sigma i} s + 1)} = \frac{K_I}{s(T_{\Sigma i} s + 1)} \tag{3-29}$$

式中:$K_I = \dfrac{K_i K_s \beta}{t_i R} = \dfrac{K_i K_s \beta}{T_l R}$。

电流环开环增益:要求 $\sigma_i \leqslant 5\%$ 时,按表 3-2,可取 $K_I T_i = 0.5$,因此

$$K_I = \omega_{ci} = \frac{0.5}{T_{\Sigma i}} = \frac{0.5}{T_{oi} + T_s} = \frac{0.5}{0.0037} \text{s}^{-1} \approx 135.13$$

于是,ACR 的比例系数为:

$$K_i = \frac{K_I t_i R}{K_s \beta} = \frac{135.13 \times 0.0065 \times 2}{80 \times 0.0085} \approx 2.583$$

按照上述参数,电流环可以达到的动态跟随性能指标为 $\sigma_i = 4.3\% \leqslant 5\%$,满足设计要求。

④ 校验近似条件

电流环截止频率:$\omega_{ci} = K_I = 135.13 \text{ s}^{-1}$

(I)校验晶闸管整流装置传递函数的近似条件

$$\frac{1}{3T_s} = \frac{1}{3 \times 0.0017} \text{ s}^{-1} \approx 196.1 \text{ s}^{-1} > \omega_{ci} \qquad \text{满足近似条件}$$

(II)校验忽略反电动势变化对电流环动态影响的条件

$$\sqrt{\frac{1}{T_m T_l}} = 3 \times \sqrt{\frac{1}{0.0065 \times 2.53}} \text{ s}^{-1} \approx 23.39 \text{ s}^{-1} < \omega_{ci} \qquad \text{满足近似条件}$$

(III)校验电流环小时间常数近似处理条件

$$\sqrt{\frac{1}{T_s T_{oi}}} = \frac{1}{3} \times \sqrt{\frac{1}{0.0017 \times 0.002}} = 180.88 \text{ s}^{-1} > \omega_{ci} \qquad \text{满足近似条件}$$

校正成典型 I 型系统的电流环如图 3-14 所示。

按典型 I 型系统设计的电流环的闭环传递函数为:

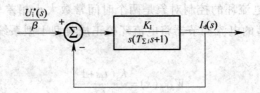

图 3-14　校正成典型 I 型系统的电流环

$$W_{\mathrm{cli}}(s)=\frac{I_{\mathrm{d}}(s)}{U_{\mathrm{i}}^{*}(s)/\beta}=\frac{\dfrac{K_{\mathrm{I}}}{s(T_{\Sigma i}s+1)}}{1+\dfrac{K_{\mathrm{I}}}{s(T_{\Sigma i}s+1)}}=\frac{1}{\dfrac{T_{\Sigma i}}{K_{\mathrm{I}}}s^{2}+\dfrac{1}{K_{\mathrm{I}}}s+1} \tag{3-30}$$

采用高阶系统的降阶近似处理方法,忽略高次项,$W_{\mathrm{cli}}(s)$ 可降阶近似为:

$$W_{\mathrm{cli}}(s)\approx\frac{1}{\dfrac{1}{K_{\mathrm{I}}}s+1} \tag{3-31}$$

降阶近似条件为:

$$\omega_{\mathrm{cn}}\leqslant\frac{1}{3}\sqrt{\frac{K_{\mathrm{I}}}{T_{\Sigma i}}} \tag{3-32}$$

式中:ω_{cn}——转速环开环频率特性的截止频率。

可以看出,根据图 3-12,电流环的输入量为 $U_{\mathrm{i}}^{*}(s)$,因此电流环在转速环中应等效为

$$\frac{I_{\mathrm{d}}(s)}{U_{\mathrm{i}}^{*}(s)}=\frac{W_{\mathrm{cli}}(s)}{\beta}\approx\frac{\dfrac{1}{\beta}}{\dfrac{1}{K_{\mathrm{I}}}s+1} \tag{3-33}$$

电流的闭环控制改造控制对象,把双惯性环节的电流环控制对象近似的等效成只有较小时间常数 $\dfrac{1}{K_{\mathrm{I}}}$ 的一阶惯性环节,加快了电流的跟随作用,这是局部闭环(内环)控制的一个重要功能。

4. 转速调节器参数设计

用电流环的等效环节代替图 3-12 中的电流环后,整个转速控制系统的动态结构图如图 3-15(a)所示。

和电流环中一样,把转速给定滤波和反馈滤波同时等效地转移到环内前向通道上,并将给定信号改成 $U_{\mathrm{n}}^{*}(s)/\alpha$,再把时间常数为 $\dfrac{1}{K_{\mathrm{I}}}$ 和 T_{on} 的两个小惯性环节合并起来,近似成一个时间常数为 $T_{\Sigma n}$ 的惯性环节,其中

$$T_{\Sigma n}=\frac{1}{K_{\mathrm{I}}}+T_{\mathrm{on}} \tag{3-34}$$

则转速环结构图简化成图 3-15(b)。

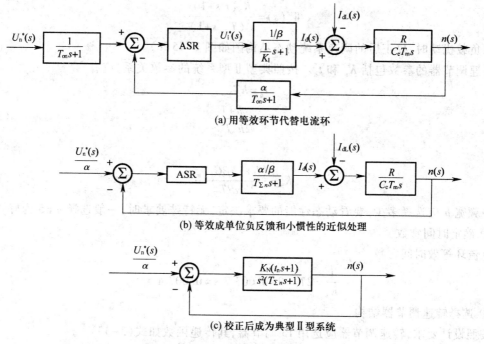

(a) 用等效环节代替电流环

(b) 等效成单位负反馈和小惯性的近似处理

(c) 校正后成为典型 Ⅱ 型系统

图 3-15　转速环的动态结构图及其简化

　　为了实现转速无静差,在负载扰动作用点前面必须有一个积分环节,它应该包含在转速调节器 ASR 中,由于在扰动作用点后面已经有了一个积分环节,因此转速环开环传递函数应共有两个积分环节,所以应该设计成典型 Ⅱ 型系统,这样的系统同时也能满足动态抗扰性能好的要求。至于其阶跃响应超调量较大的问题,那是按照线性系统理论来计算的数据,实际系统中转速调节器的饱和非线性性质会使超调量大大降低。由此可见,ASR 也应该采用 PI 调节器,其传递函数为

$$W_{\text{ASR}}(s) = \frac{K_{\text{n}}(t_{\text{n}}s+1)}{t_{\text{n}}s} \tag{3-35}$$

式中:K_{n}——转速调节器的比例系数;

　　t_{n}——转速调节器的超前时间常数。

　　这样,调速系统的开环传递函数为:

$$W_{\text{n}}(s) = \frac{K_{\text{n}}(t_{\text{n}}s+1)}{t_{\text{n}}s} \cdot \frac{\dfrac{\alpha R}{\beta}}{C_{\text{e}}T_{\text{m}}s(T_{\Sigma n}s+1)} = \frac{K_{\text{n}}\alpha R(t_{\text{n}}s+1)}{t_{\text{n}}\beta C_{\text{e}}T_{\text{m}}s^2(T_{\Sigma n}s+1)} \tag{3-36}$$

令转速开环增益 K_{N} 为:

$$K_{\text{N}} = \frac{K_{\text{n}}\alpha R}{t_{\text{n}}\beta C_{\text{e}}T_{\text{m}}} \tag{3-37}$$

则

$$W_n(s) = \frac{K_N(t_n s + 1)}{s^2(T_{\Sigma n} s + 1)} \tag{3-38}$$

不考虑负载扰动时，校正后的调速系统动态结构图如图 3-15(c)。

转速调节器的参数包括 K_n 和 t_n。按照典型 II 型系统的参数关系，应有

$$t_n = h T_{\Sigma n} \tag{3-39}$$

$$K_N = \frac{h+1}{2h^2 T_{\Sigma n}^2} \tag{3-40}$$

因此

$$K_n = \frac{(h+1)\beta C_e T_m}{2h\alpha R T_{\Sigma n}} \tag{3-41}$$

至于中频宽 h 应选择多少，要看动态性能的要求决定，无特殊要求时，一般选择 $h = 5$ 为好。

① 确定时间常数

电流环等效时间常数

$$\frac{1}{K_I} = 2T_i = 2 \times 0.003\ 7\ \text{s} = 0.007\ 4\ \text{s}$$

② 选择转速调节器结构

按照设计要求，转速调节器应选用 PI 调节器，其传递函数如式（3-35）。

③ 计算转速调节器参数

按跟随和抗扰性能都较好的原则，取 $h = 5$，则 ASR 的超前时间常数为：

$$T_{\Sigma n} = \frac{1}{K_I} + T_{on} = 0.007\ 4 + 0.01 = 0.017\ 4\ \text{s}$$

$$t_n = h T_{\Sigma n} = 5 \times 0.017\ 4 = 0.087\ \text{s}$$

由式（3-40）可求得转速环开环增益

$$K_N = \frac{h+1}{2h^2 T_{\Sigma n}^2} = \frac{6}{2 \times 5^2 \times 0.017\ 4^2} = 396.35$$

于是，可得 ASR 的比例系数为：

$$K_n = \frac{K_N t_n \beta C_e T_m}{\alpha R} = \frac{396.35 \times 0.087 \times 0.008\ 5 \times 0.25 \times 2.53}{0.01 \times 2.0} \approx 9.269$$

按 ASR 退饱和的情况计算所设计调速系统空载起动到额定转速时的转速超调量，当 $h = 5$ 时，由

表 3-6 查得 $\Delta C_{max}/C_b = 81.2\%$，系统开环机械特性的额定稳态速降为 $\Delta n_N = \dfrac{I_{dN}R}{C_e} = 6\ 240\ \text{r/min}$，

理想空载起动时 $z = 0$，则

$$\sigma_n = 2\left(\frac{\Delta C_{max}}{C_b}\right)(\lambda - z)\frac{\Delta n_N}{n_N}\frac{T_{\Sigma n}}{T_m} = 2 \times 81.2\% \times (1.5 - 0) \times \frac{6\ 240}{1\ 500} \times \frac{0.017\ 4}{2.53} \approx 6.9\%$$

$\sigma_n\% = 6.9\% < 10\%$，满足设计要求。

④ 检验近似条件

由式(3-23),转速环截止频率为

$$\omega_{cn} = \frac{K_N}{\omega_1} = K_N t_n = 396.35 \times 0.087 \ s^{-1} \approx 34.48 \ s^{-1}$$

（Ⅰ）电流环传递函数简化条件

$$\frac{1}{3}\sqrt{\frac{K_I}{T_{\Sigma i}}} = \frac{1}{3}\sqrt{\frac{135.1}{0.0037}} \approx 63.69 \ s^{-1} > \omega_{cn} \qquad 满足近似条件$$

（Ⅱ）转速环小时间常数近似处理条件

$$\frac{1}{3}\sqrt{\frac{K_I}{T_{on}}} = \frac{1}{3}\sqrt{\frac{135.1}{0.01}} \approx 38.75 \ s^{-1} > \omega_{cn} \qquad 满足近似条件$$

5. 转速、电流调节器的数字化

设计得到的转速、电流调节器均为 PI 调节器,当输入为误差函数 $e(t)$,输出函数为 $u(t)$ 时,将 PI 调节器的传递函数列出如下:

$$W_{pi}(s) = \frac{U(s)}{E(s)} = \frac{K_{pi}ts+1}{ts} \tag{3-42}$$

式中:K_{pi}——PI 调节器比例部分的放大系数;

t ——PI 调节器的积分时间数。

按式(3-42),$u(t)$ 和 $e(t)$ 关系的时域表达式可写成

$$u(t) = K_{pi}e(t) + \frac{1}{t}\int e(t)\mathrm{d}t = K_P e(t) + K_I \int e(t)\mathrm{d}t \tag{3-43}$$

其中,$K_P = K_{pi}$ 为比例系数,$K_I = \dfrac{1}{t}$ 为积分系数。

将上式离散化成差分方程,其第 k 拍输出为:

$$u(k) = K_P e(k) + K_I T_{sam}\sum_{i=1}^{k}e(i) = K_P e(k) + u_I$$
$$= K_P e(k) + K_I T_{sam}e(k) + u_I(k-1) \tag{3-44}$$

式中 T_{sam} 为采样周期。由等号右侧可以看出,比例部分只与当前的偏差有关,而积分部分则是系统过去所有偏差的累积。

控制系统中,为了安全起见,常需对调节器的输出实行限幅。在数字控制算法中,要对 u 限幅,只需在程序内设置限幅值 u_m,当 $u(k)>u_m$ 时,便以限幅值 u_m 作为输出。

3.4.3 转速、电流双闭环直流调速系统的仿真

在完成了调节器参数的理论计算后,根据实际的系统情况作参数的调整是非常重要,也是必不可少的。调整工作往往比理论设计复杂、艰巨,双闭环直流调速系统现场调试的原则是:先查线,后通电;先单元,后系统;先开环,后闭环;先内环,后外环;先励磁,后电枢;先基速,后高速;先静态(特性),后动态。

在进行现场调试之前,如果用 Matlab 仿真软件进行仿真,可以根据仿真结果对采用工程设计方法获得的设计参数进行必要的修正和调整。下面就以 3.4.2 节中所设计的轧机工作辊传动系统为例,进一步学习 Simulink 软件的仿真方法,并通过仿真实验得到所设计系统的运行结果。

系统的仿真模型如图3-16所示。图中各个环节的参数,按 3.4.2 节所设计的轧机工作辊调速系统参数设置。

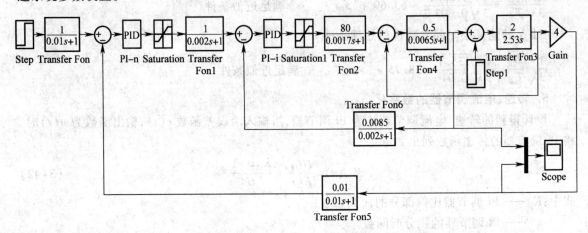

图3-16 轧机轧辊转速、电流双闭环直流调速系统仿真模型

图3-17 为系统在最高给定转速为 1 000 r/min 条件下,带额定负载时正、反转运行的仿真实验结果。图中转速为实际值,电流用 I_d/I_N 的标幺值给出。由图可见,系统的起动和制动电流均限制在 1.5 倍的额定电流,电机在恒流条件下起动和制动,起动时间约 0.3 s,制动时间约 0.6 s,电流超调 $\sigma_i < 5\%$,转速超调 $\sigma_n\% < 10\%$,稳态误差几乎为零,实现了系统的快速动态响应和无静差调速。

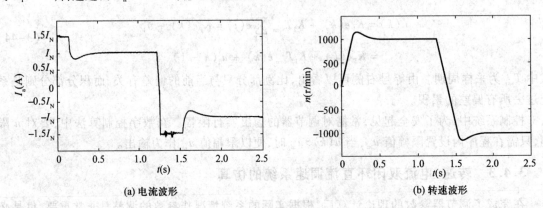

(a) 电流波形   (b) 转速波形

图3-17 $n^* = n_N = 1\ 000$ r/min, $I_L = I_{LN}$ 时正、反转运行的仿真实验结果

图3-18 为系统在最低给定转速为 100 r/min 条件下,带额定负载时正、反转运行的仿真实

验结果。由图可见,系统的起动和制动电流均限制在 1.5 倍的额定电流,电机在恒流条件下起动和制动,起动时间约 0.1 s,制动时间约 0.3 s,电流超调 $\sigma_i < 5\%$,转速超调 $\sigma_n\% < 10\%$,稳态误差几乎为零,实现了系统的快速动态响应和无静差调速。

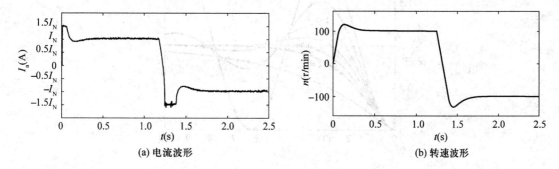

(a) 电流波形　　　　　　　　　　　　　(b) 转速波形

图 3-18　　$n^* = n_N = 100 \text{ r/min}, I_L = I_{LN}$ 时正、反转运行的仿真实验结果

由仿真实验结果可知,采用所设计的转速、电流调节器可使系统的电流超调量 $\sigma_i \leqslant 5\%$,转速超调量 $\sigma_n \leqslant 10\%$,调速范围 $D = 10$,静差率 $s \leqslant 2\%$,满足系统各项动、静态性能指标的要求。

3.4.4　一种双闭环直流调速系统调节器的设计方法

3.4.2 节和 3.4.3 节介绍了应用典型系统工程设计方法进行双闭环直流调速系统的设计。本节介绍另一种双闭环直流调速系统调节器的工程设计方法。

1. 调节器设计思想

在调节器的设计中,作如下假设:

(1) 调节器的带宽远小于采样频率;

(2) 每个控制环操作相对独立,也就是指外环带宽远小于内环带宽;

(3) 被控对象等效于一个一阶模型。

那么,采用 PI 调节器的闭环控制系统就可等效于一个二阶模型。

$$\varphi(s) = \frac{P(s)}{s^2 + 2\xi\omega s + \omega^2}$$

其中 ξ 为系统的阻尼系数,ω 为自然振荡频率。从自控原理可知选取阻尼系数 ξ 可参照二阶模型几种典型响应情况,响应曲线如图 3-19 所示。

振荡频率 ω 决定了系统的通带。根据期望的动态特性,通过加入的 PI 调节器可以改变系统的振荡频率。但当选择 ω 时,应该考虑下面的情况。

(1) 控制对象本身的动态性能。控制对象有着自身的带宽,加入的 PI 调节器,应在此基础上考虑对系统动态性能的影响。

(2) 采样周期。采样周期在数字控制系统中是一个重要的参量。从采样信号的保真度来看,采样周期必须满足香农(Shannon)采样定理,所以,采样频率 $\omega_s \geqslant 2\omega_{max}$,其中,$\omega_{max}$ 是被采样

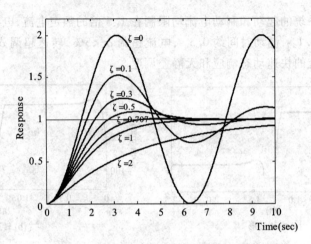

图 3-19   二阶典型系统阶跃响应曲线

信号的最高角频率。由于 $\omega_s = \dfrac{2\pi}{T}$，对于需要加入调节器的控制系统，选定了采样周期 T，则调节

后的系统振荡频率上限值为 $\omega_{\max} \leqslant \dfrac{\pi}{T}$。可见，系统的采样周期和振荡频率是相互影响的。

（3）在实际的伺服控制器中，ω_0 的选择还受调节器输出幅值的限制。输出幅值限制越高，意味着更快的响应和更大的带宽。

根据上面调节器设计的思想，进行调节器设计的步骤如下：

（1）根据控制对象的特性选取采样频率；

（2）将系统等效为一个模拟控制模型；

（3）根据加入 PI 调节器后的系统闭环传递函数与二阶典型系统的对应关系，确定调节器参数的表达式；

（4）选择二阶系统期望的响应特性，并据此确定特性指标 ω 和 ξ；

（5）计算调节器的参数，并评估响应特性。

2. 调节器设计

（1）电流环调节器设计

对于一般的直流电机模型，电压平衡方程为：

$$U_{d0} = Ri_d + L\frac{\mathrm{d}i_d}{\mathrm{d}t} + E \tag{3-45}$$

电流环控制一般使用 PI 控制器，在设计电流环时，可以忽略反电动势 E 的作用。对上述公式进行拉普拉斯变换，可得：

$$\frac{i_d(s)}{U_{d0}(s)} = \frac{1}{R + Ls} \tag{3-46}$$

图3-20为经过简化后的电流环结构框图,图中 K_s 为正向比例系数, β 为电流反馈比例系数。

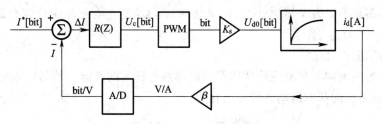

图3-20　电流环结构框图

为了控制器设计算法及结果能够直接用在单片机中,控制器用数字离散形式表达,其中,电流环 PI 控制器模块:

$$R(z) = K_{p\_spd} + \frac{K_{i\_spd}}{1-z^{-1}} \tag{3-47}$$

公式(3-47)经过拉普拉斯变换之后,得到传递函数为:

$$R(s) = K_{p\_crt} + \frac{K_{i\_crt}}{s} \tag{3-48}$$

从而可以计算得到整个电流环的闭环传递函数为:

$$\varphi(s) = \frac{\dfrac{K_{p\_crt}K_s s}{L} + \dfrac{K_s K_{i\_crt}}{L}}{s^2 + \dfrac{R + K_s\beta K_{p\_crt}}{L}s + \dfrac{K_s\beta K_{i\_crt}}{L}} \tag{3-49}$$

由于二阶标准型系统的传递函数为:

$$\varphi(s) = \frac{P(s)}{s^2 + 2\xi\omega s + \omega^2} \tag{3-50}$$

通过式(3-49)、式(3-50)比较得到两个方程,如下:

$$\frac{R + K_s\beta K_{p\_crt}}{L} = 2\xi\omega \tag{3-51}$$

$$\frac{K_s\beta K_{i\_crt}}{L} = \omega^2 \tag{3-52}$$

求解方程(3-51)、(3-52),得到电流环 PI 调节器的参数为:

$$K_{p\_crt} = \frac{2\xi\omega L - R}{K_s\beta} \tag{3-53}$$

$$K_{i\_crt} = \frac{L\omega^2}{K_s\beta} \tag{3-54}$$

考虑到电子系统比机械系统响应要快,并且振荡频率和系统响应时间成反比例,所以电流环的振荡频率可如下估计：$\omega = 40/\tau$，其中 τ 为机械时间常数。同时，若电流环的采样周期为 T_s，这样由香农定理可知振荡频率的最大值为 $\omega_{max} = \pi/T_s$。对于这个原理性的限制，在实际应用中，需要选择一个更小的振荡频率。为了简化计算，这里选取 $\omega = 1/4T_s$。电流环应快速跟踪给定，所以阻尼比 ξ 应选取在 0.707 左右。

（2）速度调节器设计

速度调节器被用来调节机械系统速度跟踪外部参考输入的性能。若忽略阻尼转矩和扭转弹性转矩，运动控制系统的基本运动方程可简化为：

$$J \frac{d\omega}{dt} = T_e - T_L = K_T \Phi I - T_L \tag{3-55}$$

这个系统可由以下传递函数来描述：

$$G_c(s) = \frac{K_T \phi}{Js} = \frac{\mu}{s} \tag{3-56}$$

式（3-56）中，$\mu = K_T \phi/J$。通常，对于电子控制系统，电子系统过渡过程比机械系统快得多，则在设计转速环时，可以认为在电动机内的电流时刻跟踪参考电流的变化（通过电流闭环来实现），电动机是被电流控制的。如果等效于一阶系统的速度环，其带宽小于电流环，那么这种假设是有效的。一般情况下，应该选择 $\omega(\text{speed}) \leqslant \omega(\text{current}) \times 0.1$。若假设系统中的电流控制是理想的，则电流控制电动机的传递函数等效于机械系统的传递函数，可以用机械系统的传递函数式（3-56）代替。对于速度控制，采用 PI 控制器的速度控制环传递函数结构框图如图 3-21 所示，其中 U_{I_d} 表示正比于电枢电流的控制电压表示形式，α 为转速反馈系数。

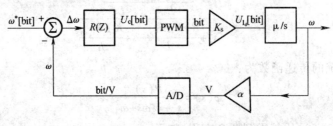

图 3-21   速度环结构框图

为了控制器设计算法及结果能够直接用在单片机中，控制器用数字离散形式表达，其中，转速环 PI 控制器模块：

$$R(z) = K_{p\_spd} + \frac{K_{i\_spd}}{1 - z^{-1}} \tag{3-57}$$

公式（3-57）经过拉普拉斯变换之后，得到传递函数为：

$$R(s) = K_{p\_spd} + \frac{K_{i\_spd}}{s} \tag{3-58}$$

系统的闭环传递函数可得：

$$\phi(s) = \frac{(K_{\text{p\_spd}}s + K_{\text{i\_spd}})\mu K_s}{s^2 + K_{\text{p\_spd}}K_s\alpha\mu s + K_{\text{i\_spd}}K_s\alpha\mu} \tag{3-59}$$

对于二阶标准型系统的传递函数为:

$$\phi(s) = \frac{P(s)}{s^2 + 2\xi\omega s + \omega^2} \tag{3-60}$$

对比二阶系统标准形式,可求出 PI 调节器的参数如下:

$$K_{\text{p\_spd}} = \frac{2\xi\omega}{\mu K_s\alpha} \tag{3-61}$$

$$K_{\text{i\_spd}} = \frac{\omega^2}{\mu K_s\alpha} \tag{3-62}$$

对于图 3-21 中的给定速度 $\omega^*[\text{bit}]$ 也是数字形式表达,和电机转速 rpm 之间的关系:

$$\text{电机转速 rpm} = \frac{60}{4 \times N[\text{lines}] \times T_s} \times \omega^*[\text{bits}] \tag{3-63}$$

其中:N 为光电编码器电动机每转输出脉冲数;

T_s 为速度闭环采样周期;

系数 4 是光电编码器输出脉冲上升沿和下降沿都触发时的倍频系数。

(3) PI 控制器离散化

以 PI 控制器为例进行离散,PI 控制器以传递函数的形式表示为:

$$R(s) = K_p + \frac{K_i}{s} \tag{3-64}$$

将 $s = \frac{z-1}{T_s z}$ 带入式(3-64),则离散化的传递函数为:

$$R(z) = K_p + K_i\frac{T_s z}{z-1} \tag{3-65}$$

同样的方法即可得到本设计中电流环、速度环控制器的离散形式,其中电流环的采样频率 $T_{\text{s\_crt}}$ 可选为 10 kHz,速度环的采样频率可选为 1 kHz。

3.5　直流调速装置

在生产实际中,为解决某一设备的调速问题,通常选用标准调速装置,能缩短设计和投产的周期,具有更合理的性能价格比。调速装置选购的基本原则及应注意的问题如下。

1. 基本原则

(1) 直流调速装置的相数

首先要考虑装置的容量等级,对于几千瓦的小型装置,可以采用单相变流器,以降低成本。对功率在 10 kw 以上的调速装置应采用三相变流器,特大型设备甚至可用 12 相变流装置以使三相平衡。变流相数越高,其控制灵敏度越高,但成本也越高。

（2）调速性能指标的满足

要满足动态性能指标，即系统的快速性和稳定性要解决好，并有良好的跟随性能和抗扰性能。也要满足静态指标，即满足调速范围和静差率是对调速装置的基本要求。指标要求越高，装置越复杂，价格越高。

（3）调速装置的容量大小

所选择调速装置的功率应大于或等于实际需要的功率。

（4）经济实用

在满足性能指标的前提下，尽量选取技术含量高、节能高效、成本较低的装置，淘汰落后低效、浪费能源的旧式装置。

2. 选用调速装置时应注意的问题

（1）所选装置应能长期连续工作。

（2）所选装置应有足够的过载能力。

（3）应结合当地供电情况考虑电压波动造成的影响。

（4）直流调速装置中，要求给定电源精度，在电源电压波动 ±10% 、温度变化 ±10% 时、其精度为 ±10% 。

（5）接入调速装置的电源容量越大越好，至少电源变压器的容量要为调速装置容量的 5 倍以上。

如前文所述，本章所列举的轧机工作辊直流传动系统选用如图 3-22 所示西门子 6RA70 型直流调速器。专用工业直流调速器在许多工业领域得到应用：如印刷机械的主传动；起重机行业中的行走机构和提升机构；电梯和缆车的传动机构；钢铁工业中的剪切传动、轧机传动、卷取机传动等。由于专用工业直流调速器把所有的部件都集成到数字环境中，从而使得配置和服务变得更加简单，而且工程费用也大大减少。

图 3-22 西门子直流调速器

本调速系统所选用的 6RA70 控制模块主要有：

（1）C98043-A7001：完成与上位机及 S7-300 的通讯、电枢励磁触发、脉冲使能、数据运算及输出等功能；

（2）C98043-A7002：完成模拟数据量采集、励磁回路触发脉冲等功能；

（3）C98043-A7004：完成电枢电压检测、励磁系统数据采集和放大。

应用直流调速器，由内置的电枢电流调节器和电流互感器构成电流环，由内置速度调节器和安装在直流电机轴上的光电脉冲编码器构成速度环。速度调节器和电流调节器实现串级连接，转速调节器的输出当作电流调节器的输入，再用电流调节器的输出去控制电力电子变换器中晶闸管的触发电路，从而控制其输出电压，即加到轧辊电机电枢两端的电压，实现对轧辊电机的转速调节。

上述一系列调节器已集成至直流调速器中，通过设置一些相关参数，使之符合轧机直流调速系统的需要。参数设定与监视可通过调速器的操作面板实现，也可通过专用软件实现。

西门子 6RA70 直流调速器的基本参数设定如下。

① 调整整流器额定电流

P076.001——整流器额定电枢电流；P076.002——整流器额定励磁电流。

② 调整整流器供电电压

P078.001——电枢回路供电电压；P078.002——励磁回路供电电压。

③ 输入电动机数据（必须按电动机铭牌的规定写入）。

④ 实际速度检测方式选择

使用脉冲编码器：

P083＝2——速度实际值由脉冲编码器提供；P140——选择脉冲编码器类型；P141——脉冲编码器的脉冲数（脉冲数/转）；P142——设置脉冲编码器信号电压；P143——设置脉冲编码器的最大运行速度（r/min）。

⑤ 基本工艺功能的选择

（Ⅰ）电流限幅

P171——在转矩方向Ⅰ的电机电流限幅（为 P100 的百分数）；

P172——在转矩方向Ⅱ的电机电流限幅（为 P100 的百分数）；

（Ⅱ）转矩限幅

P180——在转矩方向Ⅰ的转矩限幅（为电动机额定转矩的百分数）；

P181——在转矩方向Ⅱ的转矩限幅（为电动机额定转矩的百分数）；

⑥ 报警功能的设置

F007——过电压；F018——在开关量输出端短路；F031——速度调节器监控；F035——传动系统堵转；F036——无电枢电流流过。

另外，可通过设定相关参数的值，实现进行调速器的优化运行。主要优化参数设定清单如下。

① 自动优化运行

P051=25——电枢和励磁的预控制和电流调节器的优化运行:电流调节器优化运行可以在电机轴上没有负载时执行,为防止"飞车",必要时要将电机机械锁住;

P051=26——速度调节器的优化运行:选择速度调节回路动态响应的程度,对于速度调节器的优化,在电机轴上必须接上最后有效的机械负载,因为所设定的参数同所测量的转动惯量有关;

P051=27——励磁减弱的优化运行:这个优化运行仅能在无机械负载下执行。

② 手动优化

根据通常适用的优化规则,使用给定控制箱设置经验数据或设置优化。

例如可通过设置如下参数进行速度调节器的优化:P200——实际速度滤波;P225——速度调节器P增益;P226——速度调节器积分时间;P227——速度调节器软化;P228——速度给定滤波。

3.6　可逆直流调速系统

在生产实际中,许多生产机械要求电动机既能正转,又能反转,而且常常还需要在减速和停车时要有制动作用,以缩短制动时间,这就需要电力传动系统具有四象限运行的特性,也就是说,需要可逆的调速系统。例如可逆轧机的主传动和压下装置,电弧炉的提升机构,龙门刨床工作台的传动,矿井卷扬机、电梯以及电气机车等,都要求电动机频繁快速的正、反向运行。还有一类生产机械,虽然并不需要电动机可逆运行,但却需要电动机能快速停车,例如薄板连轧机的卷曲机传动就是一个典型的例子。对于直流电动机,改变电枢电压的极性,或是改变励磁磁通的方向,都能够改变其旋转方向。然而当电动机采用电力电子变流器供电时,由于电力电子器件的单向导电性,问题就变得复杂起来了,需要专用的可逆电力电子变流器和自动控制系统。无论是采用改变电枢电压的极性还是改变励磁磁通的方向来改变直流电动机的转向,都需要其供电电源能够输出极性可变的直流电压。

3.6.1　晶闸管–电动机可逆直流调速系统

由于晶闸管的单向导电性,它不允许电流反向,无法实现直流电动机的可逆运行。如果要可逆运行,需再增加一组可控整流器,组成两组晶闸管反并联可逆电路,V–M可逆系统的结构如图3–23所示。

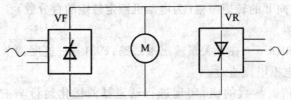

图3–23　两组晶闸管反并联V–M可逆系统结构图

V-M 可逆系统的工作原理是分别控制两组整流器：

（1）当直流电动机正向电动运行时，由正组整流器 VF 供电，控制 $\alpha_F \leqslant 90°$，使 VF 工作于整流状态，此时，电动机的机械特性在第 I 象限；

（2）当直流电动机反向电动运行时，由反组整流器 VR 供电，控制 $\alpha_R \leqslant 90°$，使 VR 工作于整流状态，此时，电动机的机械特性在第 III 象限；

（3）当直流电动机正向再生发电运行时，控制 $\alpha_R \geqslant 90°$，使 VR 工作于有源逆变状态，通过 VR 将直流电逆变回馈给电网，此时，电动机的机械特性在第 II 象限；

（4）当直流电动机反向再生发电运行时，控制 $\alpha_F \geqslant 90°$，使 VF 工作于有源逆变状态，通过 VF 将直流电逆变回馈给电网，此时，电动机的机械特性在第 IV 象限。

其四象限运行特性如图 3-24 所示。

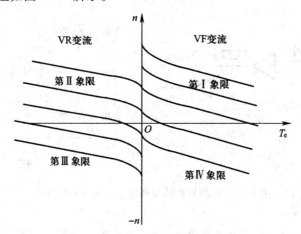

图 3-24　V-M 可逆系统的运行特性

可逆电路正反转时晶闸管整流器和电动机的工作状态归纳起来如表 3-9 所示。

表 3-9　V-M 系统反并联可逆线路的工作状态

V-M 系统的工作状态	正向运行	正向制动	反向运行	反向制动
电枢端电压极性	+	+	−	−
电枢电流极性	+	−	−	+
电机旋转方向	+	+	−	−
电机运行状态	电动	回馈制动	电动	回馈制动
晶闸管工作的组别和状态	正组、整流	反组、逆变	反组、整流	正组、逆变
机械特性所在象限	I	II	III	IV

注：各量的极性均以正向电动运行时为"+"

　　即使是不可逆的调速系统,只要是需要快速的回馈制动,常常也采用两组反并联的晶闸管整流器,由正组提供电动运行所需的整流供电,反组只提供逆变制动电流。这时,两组晶闸管整流器的容量大小可以不同,反组只在短时间内给电动机提供制动电流,并不提供稳态运行的电流,实际采用的容量可以小一些。由此可见,采用晶闸管整流器构成直流可逆调速系统比较复杂。

3.6.2　基于 PWM 控制的可逆直流调速系统

　　H 型可逆脉宽调速系统的基本原理如图 3-25 所示,其主要电路开关器件可采用 IGBT、PMOSFET 以及智能功率模块(IPM),常应用于中、小功率的可逆直流调速系统。

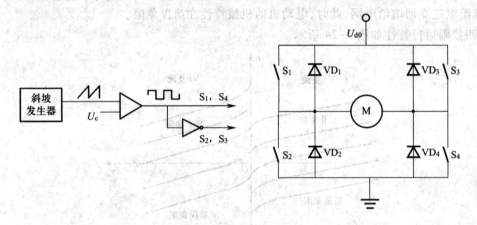

图 3-25　H 型可逆脉宽调速系统的基本原理图

　　图 3-25 中,由四个电力电子开关器件 $S_1 \sim S_4$ 和续流二极管构成桥式电路拓扑。H 型可逆 PWM 变速器的控制方式有双极式控制、单极式控制和受限单极式控制等。

　　现以双极式控制为例,说明 H 型可逆 PWM 变换器的工作原理。

　　(1) 正向运行(在此期间 S_2 和 S_3 始终保持断开)

　　第 1 阶段,在 $0 \leqslant t \leqslant t_{on}$ 期间,S_1 和 S_4 同时导通,电动机 M 的电枢两端承受电压 $+U_{d0}$,电流 i_d 正向上升。

　　第 2 阶段,在 $t_{on} \leqslant t \leqslant T$ 期间,S_1 和 S_4 断开,VD_2 和 VD_3 续流,电动机 M 的电枢两端承受电压 $-U_{d0}$,电流 i_d 下降,但由于平均电压 U_d 高于电动机的反电动势 E,电动机正向电动运行,其波形如图 3-26 所示。

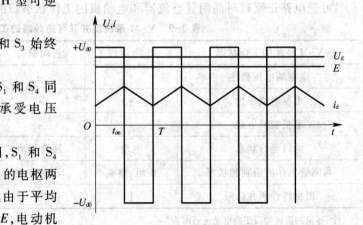

图 3-26　H 型可逆脉宽调速系统正向运行电压波形图

（2）反向运行（在此期间 S_1 和 S_4 始终保持断开）

第 1 阶段，在 $0 \leqslant t \leqslant t_{on}$ 期间，S_2 和 S_3 断开，通过 VD_1 和 VD_4 续流，电动机 M 的电枢两端承受电压 $+U_{d0}$，电流 $-i_d$ 沿反方向下降。

第 2 阶段，$t_{on} \leqslant t \leqslant T$ 期间，S_2 和 S_3 同时导通，电动机 M 的电枢两端承受电压 $-U_{d0}$，电流 $-i_d$ 沿反方向上升；由于平均电压 $|-U_d|$ 高于电动机的反电动势 $|-E|$，电动机反向电动运行，其波形如图 3-27 所示。

改变两组开关器件导通的时间，也就改变了电压脉冲的宽度。如果用 t_{on} 表示 S_1 和 S_4 导通的时间，开关周期 T 和占空比 ρ 的定义和上面相同，则电动机电枢端电压平均值为

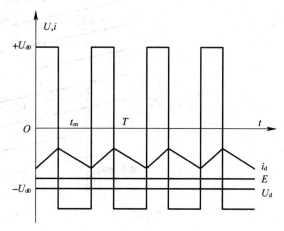

图 3-27　H 型可逆脉宽调速系统反向运行电压波形图

$$U_d = \frac{t_{on}}{T}U_{d0} - \frac{T-t_{on}}{T}U_{d0} = \left(\frac{2t_{on}}{T}-1\right)U_{d0} = (2\rho-1)U_{d0} \tag{3-66}$$

如果令 $\delta = 2\rho-1$，调速时，ρ 的可调范围为 $0 \sim 1$，则 $-1 < \delta < +1$。由此，调节占空比 ρ，可获得连续可调的直流输出，以控制直流电动机转速。

（Ⅰ）当 $\rho > 0.5$ 时，δ 为正，电动机正转。

（Ⅱ）当 $\rho < 0.5$ 时，δ 为负，电动机反转。

（Ⅲ）当 $\rho = 0.5$ 时，δ 为零，电动机停止。

由于电动机停止时电枢电压并不等于零，而是正负脉宽相等的交变脉冲电压，因而电流也是交变的。这个交变电流的平均值为零，不产生平均转矩，徒然增大电机的损耗，这是双极式控制的缺点。但它也有好处，在电动机停止时仍有高频微振电流，从而消除了正、反向时的静摩擦死区，起着所谓"动力润滑"的作用。

双极式控制的桥式可逆 PWM 变换器有下列优点：

① 电流一定连续；

② 可使电动机在四象限内运行；

③ 电动机停止时有微振电流，能消除静摩擦死区；

④ 低速平稳性好，系统的调速范围广；

⑤ 低速时，每个开关器件的驱动脉冲仍较宽，有利于保证器件的可靠导通。

H 型可逆脉宽调速系统的四象限运行曲线呈直线形，如图 3-28 所示。

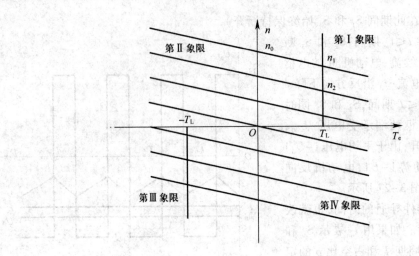

图 3-28 H 型可逆脉宽调速系统的机械特性

3.6.3 无环流控制的可逆直流调速系统

3.6.3.1 V-M 系统的环流问题

采用两组晶闸管整流器反并联的可逆 V-M 系统解决了电动机的正、反转运行和回馈制动问题,但是,如果两组装置的整流电压同时出现,便会产生不流过负载而直接在两组晶闸管之间流通的短路电流,称作环流,如图 3-29 中的 I_c。一般地说,这样的环流对负载无益,徒然加重晶闸管和变压器的负担,消耗功率,环流太大时会导致晶闸管损坏,因此应该予以抑制或消除。

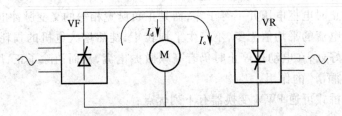

图 3-29 反并联可逆 V-M 系统中的环流

在不同情况下,会出现下列不同性质的环流。

(1) 静态环流。两组可逆电路在一定触发延迟角下稳定工作时出现的环流,其中又有两类:

① 直流平均环流。由晶闸管整流器输出的直流平均电压差所产生的环流称作直流平均环流。

② 瞬时脉动环流。两组晶闸管整流器输出的直流平均电压差虽为零,但因电压波形不同,瞬时电压差仍会产生脉动的环流,称作瞬时脉动环流。

(2) 动态环流。仅在可逆 V-M 系统处于过渡过程中出现的环流。

在两组晶闸管反并联的可逆 V-M 系统中,如果让正组 VF 和反组 VR 都处于整流状态,两组的直流平均电压正负相连,必然产生较大的直流平均环流。为了防止直流平均环流的产生,需要采取必要的抑制环流的措施:

(1)采用封锁触发脉冲的方法,在任何时候,只允许一组晶闸整流器置于工作状态,而让另一组晶闸管关闭,这样就不会出现环流。采用这种控制策略的系统称为无环流可逆调速系统。

(2)采用配合控制的策略,使一组晶闸管整流器工作在整流状态,另一组则工作在逆变状态,且使其幅值相等,用逆变电压 U_{dr} 把整流电压 U_{df} 顶住,则直流平均环流为零。

由于两组晶闸管整流器相同,两组的最大输出电压是一样的,因此,当直流平均环流为零时,应有 $\cos\alpha_R = -\cos\alpha_F$,或 $\alpha_F + \alpha_R = 180°$。如果逆变组的触发延迟角 α 用逆变角 β 表示,则

$$\alpha = \beta \tag{3-67}$$

可见,如果按照式(3-67)来控制就可以消除直流平均环流,这称作 $\alpha = \beta$ 配合控制。

无环流直流调速系统的实现方案有两类:一类是采用直流 PWM 控制的可逆调速系统;另一类是采用逻辑无环流控制的可逆调速系统。

3.6.3.2 采用 PWM 控制的可逆直流调速系统

PWM 可逆直流调速系统的原理框图如图 3-30 所示,其中主电路采用 H 形电路拓扑,TG 为测速发电机,当调速精度要求较高时可采用数字测速码盘,TA 为霍尔电流传感器,GD 为驱动电路模块,内部含有光电隔离电路和开关放大电路,UPW 为 PWM 波生成环节,其算法包含在单片微机软件中。

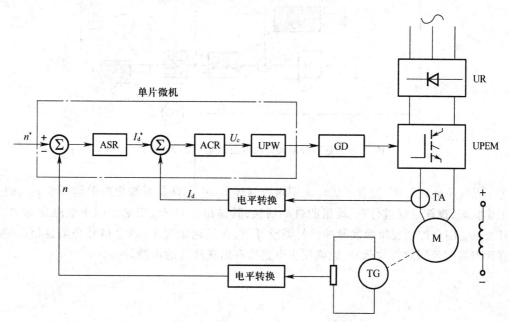

图 3-30 PWM 可逆直流调速系统原理图

控制系统采用转速、电流双闭环控制,电流环为内环,转速环为外环,内环的采样周期小于外环的采样周期。ASR 和 ACR 大多采用 PI 调节器,当系统对动态性能要求较高时,还可以采用各种非线性和智能化的控制算法,使调节器能够更好地适宜控制对象的变化。当转速给定信号在 $-n_n^* \sim +n_n^*$ 之间变化并达到稳态后,由微机输出的 PWM 信号占空比 ρ 在 $0 \sim 1$ 的范围内变化,使直流斩波器 UPEM 的输出平均电压系数 $\delta = -1 \sim +1$,实现双极式可逆控制。

在控制过程中,为了避免同一桥臂上、下两个电力电子器件同时导通而引起直流电源短路,在上器件导通切换到下器件导通或反向切换时,必须留有死区时间,对于 IGBT,死区时间约需要 5 μs 或更小些。

3.6.3.3　采用逻辑无环流控制的可逆调速系统

逻辑控制的无环流可逆调速系统的原理框图如图 3-31 所示,主电路采用两组晶闸管整流器反并联电路,控制系统采用典型的转速、电流双闭环系统。电流检测采用不反映极性的交流互感器和整流器,为此,正反向电流环分别各设一个电流调节器,1ACR 用来控制正组触发装置 GTF,2ACR 控制反组触发装置 GTR。

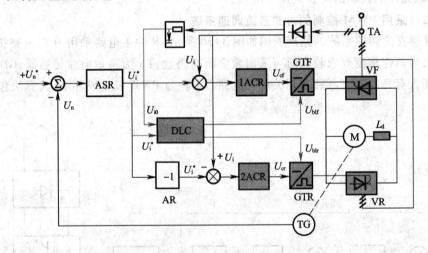

图 3-31　逻辑控制无环流可逆调速系统原理框图

为了保证不出现环流,设置了无环流逻辑控制环节 DLC,这是系统中的关键环节,它按照系统的工作状态,指挥系统进行正、反组的自动切换,其输出信号 U_{blf} 用来控制正组触发脉冲的封锁或开放,U_{blr} 用来控制反组触发脉冲的封锁或开放,在任何情况下,两个信号必须是相反的,决不允许两组晶闸管同时开放脉冲,以确保主电路没有出现环流的可能。

思考题与习题

3-1 为何要在转速负反馈直流调速系统中引入电流负反馈？在转速、电流双闭环直流调速系统中，ASR 和 ACR 各起什么作用？

3-2 在转速、电流双闭环直流调速系统中，调节器 ASR、ACR 均采用 PI 调节器。当 ASR 输出达到 $U_{im}^* = 8$ V 时，主电路电流达到最大电流 80 A。当负载电流由 40 A 增加到 70 A 时，试问：

(1) U_i^* 应如何变化？

(2) U_c 应如何变化？

(3) U_c 值由哪些条件决定？

3-3 试从下述五个方面来比较转速、电流双闭环调速系统和带电流截止环节的转速单闭环调速系统：

(1) 调速系统的静态特性；

(2) 动态限流性能；

(3) 起动的快速性；

(4) 抗负载扰动的性能；

(5) 抗电源电压波动的性能。

3-4 如果转速、电流双闭环调速系统中的转速调节器不是 PI 调节器，而改为 P 调节器，对系统的动态性能将产生什么影响？

3-5 环流有哪些种类？它们是如何产生的？控制环流的基本途径是什么？

3-6 在转速、电流双闭环直流调速系统中，两个调节器 ASR、ACR 均采用 PI 调节器。已知参数：电动机 $P_N = 3.7$ kW，$U_N = 220$ V，$I_N = 20$ A，$n_N = 1\,000$ r/min；电枢回路总电阻 $R = 1.5$ Ω；设 $U_{nm}^* = U_{im}^* = U_{cm} = 8$ V，电枢回路最大电流 $I_{dm} = 40$ A，电力电子变换器的放大系数 $K_s = 40$。试求：

(1) 电流反馈系数 β 和转速反馈系数 α。

(2) 当电动机在最高转速发生堵转时的 U_{d0}、U_i^*、U_i、U_c 的值。

3-7 双闭环直流调速系统的 ASR 和 ACR 均为 PI 调节器，设系统最大给定电压 $U_{nm}^* = 15$ V，$n_N = 1\,500$ r/min，$I_N = 20$ A，电流过载倍数为 2，电枢回路总电阻 $R = 2$ Ω，$K_s = 20$，$C_e = 0.127$ V·min/r。求：

(1) 当系统稳定运行在 $U_n^* = 5$ V，$I_{dL} = 10$ A 时，系统的 n、U_n、U_i^*、U_i 和 U_c 各为多少？

(2) 当电动机负载过大而堵转时，U_i^* 和 U_c 各为多少？

3-8 有一个系统，其控制对象的传递函数为 $W_{obj}(s) = \dfrac{K_1}{\tau s+1} = \dfrac{10}{0.01\,s+1}$，要求设计一个无静差系统，在阶跃输入下系统超调量 $\sigma \leqslant 5\%$（按线性系统考虑）。试对系统进行动态校正，决定调节器结构，并选择其参数。

3-9 已知某双环系统电流环动态结构图如图 3-32 所示，其中 $T_1 = 0.09$ s，$T_s = 0.001\,7$ s，$K_s = 30$，$T_{oi} = 0.003$ s，$R = 0.4$ Ω，$\beta = 0.06$ V/A，要求系统无静差，且 $\sigma \leqslant 5\%$。

(1) 选择电流调节器；

(2) 求电流环开环放大倍数 K_1；

(3) 求调节器参数；

(4) 若将调节器本身的放大倍数提高一倍，其超调量为多大？

(5) 校验近似条件。

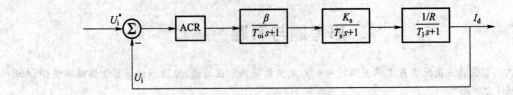

图 3-32　双环系统电流环动态结构图

第4章 交流调速系统

本章在4.2节、4.3节通过引入恒压频比变压变频调速在恒压供水系统中的应用和矢量控制在数控主轴调速中应用两个案例,展开对基于稳态模型的恒压频比变压变频调速系统和基于转子磁场定向的高性能矢量控制调速系统的分析讨论,包括系统结构、数学模型、控制策略和实现方案。4.4节介绍异步电动机直接转矩控制技术。4.5节介绍异步电动机调压调速系统及其在软起动中的应用。

4.1 概　　述

4.1.1 交流运动控制系统的主要应用领域

交流电动机应用的迅速发展,与一些关键性技术的突破性进展有关,它们是功率半导体器件(包括半控型和全控型)的制造技术、基于电力电子电路的电力变换技术、交流调速脉宽调制技术、交流电动机控制技术以及微型计算机和大规模集成电路为基础的全数字化控制技术。目前,交流运动控制系统的主要应用领域有以下三方面。

(1) 以节能为目的调速

风机和泵类设备在矿山、冶金、建材、石油、石化、电力等行业皆有大量应用,这些设备多数用交流电动机拖动,功率均在几百千瓦以上,有的高达数千甚至上万千瓦。如风机设备主要用于锅炉燃烧系统、烘干系统、冷却系统等场合;泵类设备用于提水泵站、水池储罐给排系统、工业水(油)循环系统等场合。以前交流电动机不调速,对于风机和泵类应用场合,是通过调节挡板和阀门开度的大小来调节送风和供水的流量。这样,不论生产的需求大小,风机、泵类设备都采用直接起动,全速运转,而运行工况的变化则使得能量以挡板和阀门的节流损失消耗掉了,不仅控制精度受到限制,而且还造成大量的能源浪费和设备损耗,并且直接起动电动机,不仅产生很大起动电流,而且严重影响电网稳定。在原来大量的交流不调速领域中,改直接起动为软起动,改恒速为变频调速控制,可以显著节能。

(2) 高性能调速系统和伺服系统

由于交流电动机的电磁转矩难以像直流电动机那样通过电枢电流进行灵活控制,因此以往高性能电动机控制应用中一般采用直流电动机。随着交流电动机控制策略的发展,以矢量控制为代表的调速理论的出现,使得交流调速的性能得到质的提高,因此交流电动机在高性能、高精度的伺服系统和调速系统中得到迅速的应用和推广。

(3) 特大容量、极高转速的交流调速

直流电动机的换向能力限制了它的容量转速积不超过 10^6 kW·r/min,超过这一数值时,其设计与制造就非常困难了。交流电动机没有换向器,不受这种限制,因此,特大容量的电力拖动设备,如厚板轧机、矿井卷扬机等,以及极高转速的拖动,如高速磨头、离心机等,都以采用交流调速为宜。

4.1.2　交流调速系统分类

交流电动机主要分为异步电动机和同步电动机两大类,每类电动机又有不同类型的调速方式。

1. 异步电动机调速

由电机学已知,异步电动机的转速可表示为:

$$n = n_1(1-s) = \frac{60f_1}{n_p}(1-s) \tag{4-1}$$

式中:n_1——同步转速;

　　　f_1——定子供电频率;

　　　n_p——极对数;

　　　s——转差率。

式(4-1)表明,异步电动机调速可以通过三条途径进行:(1) 改变电源频率 f_1 的变频调速;(2) 改变极对数 n_p 的变极调速,变极调速只适合笼型异步电动机;(3) 改变转差率 s 的调速,这种调速方法可通过调整定子电压、转子电阻、转差电压等方法实现。

根据异步电动机工作原理,异步电动机从定子传入转子的电磁功率 P_m 可分为两部分:一部分 $P_\Omega = (1-s)P_m$ 是转化为机械能的机械功率;另一部分是转差功率 $P_s = sP_m$,与转差率 s 成正比,消耗在转子电阻上。从能量转换角度看,转差功率是否增大、消耗掉还是回收,是评价调速系统效率高低的一种标志。从这点出发,可把异步电动机的调速系统分成三类:

(1) 转差功率消耗型。全部转差功率都转换成热能消耗掉。定子调压、转子串电阻调速方法均属于这一类。这类调速系统的效率最低,它是以增加转差功率的消耗来换取转速的降低(恒转矩负载时),越向下调速,效率越低。

(2) 转差功率回馈型。增加的转差功率一小部分被消耗掉,大部分则通过变流装置回馈电网,或转化为机械能予以利用。转速越低,回收功率也越多,绕线式异步电动机串级调速属于这一类,调速效率显然比第一类要高。

(3) 转差功率不变型。转差功率中转子铜损部分的消耗是不可避免的。在这类调速系统中,无论转速高低,转差功率的消耗基本不变,因此效率最高。变极对数、变频调速方法属于这一类。其中变极对数的调速方法,只能进行有级调速,应用场合有限。只有变频调速的调速范围宽、平滑性好、效率高、具有优良的静态及动态特性,适用于调速性能要求较高的场合。

2. 同步电动机的调速

同步电动机的转速公式为:

$$n = \frac{60f_1}{n_p} \tag{4-2}$$

由(4-2)可知,同步电动机没有转差,也就没有转差功率,所以同步电动机调速系统只能是转差功率不变型(恒等于0)的,而同步电动机转子极对数又是固定的,因此只能靠变压变频调速,没有像异步电动机那样的多种调速方法。在同步电动机的变压变频调速方法中,从频率控制的方式来看,可分为他控变频调速和自控变频调速两类。自控变频调速利用转子磁极位置的检测信号来控制变压变频装置换相,类似于直流电动机中电刷和换向器的作用,因此又称作无换向器电动机调速,或无刷直流电动机调速。

永磁式同步电动机是常用的同步电机,在位置伺服控制中得到很好应用。

无刷直流电动机是另一种常用的同步电动机,具有控制简单、性价比高的特点,广泛应用在电动自行车、风机等调速系统。

开关磁阻电动机是一种特殊形式的同步电动机,具有起动转矩大、可频繁起动的优点,在电动车、通用工业等领域存在潜在应用。

4.1.3　变频调速控制方法

(1)开环转速控制。对不太要求快速响应的传动系统,常用开环控制。如风机泵类采用非常灵敏的快速调速,似乎意义不大,这类负载可以采用简单的开环恒压频比控制。如食品包装机械的输送传动,要求在输送不同材料时都能保持速度稳定,但又对响应要求不是很高,这时就可以使用无速度传感器矢量控制自动修正频率,以达到负载变动时电动机转速稳定的效果。在开环速度控制中,输入信号是频率给定指令,然后按照不同的控制方式如 V/f 恒压频比、无速度传感器矢量控制或者直接转矩控制去驱动电动机,在负载转矩与电动机转矩平衡的情况下,形成稳定转速。

(2)高精度速度控制。高精度的速度控制往往能够体现速度的精度和稳定性,其典型应用如造纸机的传动,精度控制在±0.01% 到 0.05% 之间,其他如胶卷和钢铁生产线也要求在±0.02% 到±0.1% 之间。通常精度数值是以额定频率或额定转速为基准,将误差用百分比表示出来。对于一般的变频器,要求精度大多为±0.5%。这一数值,对于开环控制的机型为频率精度,而闭环控制的机型为速度精度。而对于异步电动机,由于存在转差,要获得高精度的速度,必须采用闭环控制。与一般的以转速为控制对象的变频系统不同,涉及流体工艺的变频系统通常以流量、压力、温度、液位等工艺参数为控制量,实现恒量或变量控制,这就需要变频器工作于PID 方式下,按照工艺参数的变化趋势来调节泵或风机的转速。

(3)同步控制器。在纺织、印染、造纸等工业生产中,多电机速度同步传动的应用十分广泛。当一台整机或一条生产线中各个传动单元分别由独立的变频器驱动时,为了保证整机在一个主令转速的设置下,各单元同步恒线速工作,需要配置同步控制器。同步控制器可对各单元传动速度分别整定,以实现各单元以一定的比例速度同步工作(或补偿各单元的机械传动比的差异)。

4.2　交流异步电动机变压变频调速

4.2.1　变压变频调速案例——变频调速在恒压供水系统中的应用

1. 场景描述

生活小区供水管网的供水量和供水压力是随用户的用水要求全日瞬时变化的。在用水高峰期,水的供给量常常低于需求量,出现水压降低、水供不应求的现象;而在用水低峰期,水的供给量常常高于需求量,出现水压升高、水供过于求的情况,不仅白白造成电能的浪费,有时还造成水管破裂和用水设备损坏等情况。

恒压供水是指无论用户端用水量大小,总保持管网中水压基本稳定,这样既可满足用户对供水的要求,又不使水泵电动机空转,造成电能的浪费。

在恒压供水系统中,为了满足供水量大小需求不同时,保持管网水压的基本恒定,采用控制方法是:根据给定的管网压力与管网水压的反馈信号进行比较以调节水泵电动机的电源频率,从而实现调节水泵电动机的转速,即变频调速,达到调节管网中水压的目的,使系统水压无论流量如何变化始终稳定在一定的范围内。

2. 控制系统构成

根据控制需求,变频恒压供水系统有两个控制器进行控制,其中变频器实现PID调节和对异步电动机变频调速控制,PLC控制器实现水泵投切控制。再加之水泵机组(异步电动机)、压力传感器等组成整个控制系统。图4-1是控制系统的组成框图,并在框图中标出了相关知识点。

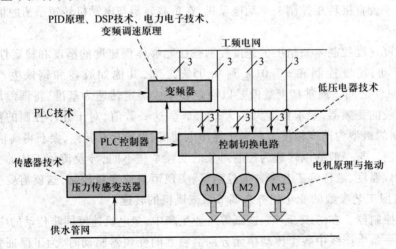

图4-1　恒压供水系统组成框图与相关知识点

3. 任务需求

（1）异步电动机变频调速

涉及流体工艺的变频系统通常都是以流量、压力、温度、液位等工艺参数为控制量，实现恒量或变量控制。

水泵多配用交流异步电动机拖动，在恒压供水系统中，通过对泵类异步电动机的变频调速，从而改变水泵的出水流量而实现恒压供水，图 4-2 是一台电动机泵变频恒压供水系统结构图。

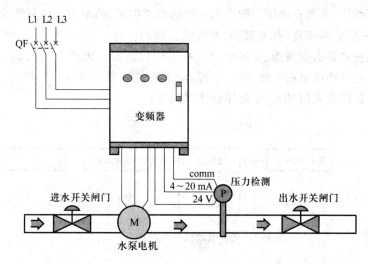

图 4-2　一台电动机泵变频恒压供水系统结构图

本案例中，水泵电动机 M 由变频器供电，实现变频调速控制，供水系统控制的对象是用户管网的水压。给定的管网压力通过变频器操作面板进行设置，压力传感器 P 用于检测水泵的出口压力或者用户供水管网的出水压力，并转换为电信号送入变频器，变频器内计算出给定值与反馈值比较后的偏差，进行 PID 调节，得出异步电动机（变频泵）运行频率的当前值，并根据电压频率协调的控制思想，计算出异步电动机（变频泵）定子供电电源的电压和运行频率，从而调节异步电动机的速度。当供水管网的实际压力低于设定压力，变频器运行频率升高，电动机转速升高，增加管网的供水量，反之频率则降低。

（2）水泵投切控制

水泵机组是水压的发生装置，通常一台电动机泵即使满负荷运行（频率达到工频），也难以满足系统的需求，因此，一般由 2 到 4 台水泵组成，为供水系统中的用户供水管网提供压力。这里设计一个三台电动机泵的小区供水系统，当用水量最小时，一台泵变频运行，当用水量最大时，三台泵都工频满负荷运行。

4. 知识导引

泵类调速是以节能为目的的应用，由于性能要求不高，一般采用通用变频器作为异步电动机速度控制和功率放大装置,而对异步电动机速度调节的控制方式是采用转速开环恒电压频率比的变频调速方式,即恒压频变调速,4.2 节主要学习通用变频器工作原理和异步电动机变压变频调速方式。

4.2.2　通用变频器

1. 变频调速系统的构成

要实现变频调速,必须有电压与频率均可调的交流电源,但电力系统只能提供固定频率的交流电,因此需要一套变频装置(称变频器)来完成变频的任务。

变频调速系统主要由变频器、交流电动机和上位控制器三大部分组成,如图 4-3 所示。图中变频器的输入是三相或单相恒频、恒压电源,输出则是频率和电压均可调的三相交流电,工程应用中上位控制器通常采用 PLC、工业控制计算机等。

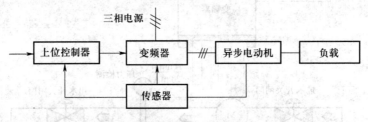

图 4-3　交流电动机变频调速系统的构成

在图 4-3 所示的变频调速系统中,变频器是系统的中心环节,它的任务是把频率和电压恒定的电网电压变成频率和电压可调的交流电,通称为变压变频(VVVF)装置。从结构上看,变频器可分为间接变频和直接变频两类。间接变频先将工频交流电源通过整流器变成直流,然后再经过逆变将直流变换为电压和频率可控的交流电,称交-直-交变频器。直接变频则将工频交流电一次变换成电压和频率可控的交流电,没有中间直流环节,称交-交变频器。目前中小容量的变频器中,应用较多的还是间接变频器。

2. 变频器基本结构

各种变频器的基本结构大体相同,由主电路、检测电路、保护电路和控制环节等组成。通用型交-直-交变频器的结构如图 4-4 所示。

（1）主电路

图 4-5 所示为交-直-交 PWM 变频器的一种典型主电路。由二极管组成不可控整流桥将三相交流电整流成直流电源,1～2 kW 以下的小功率多用 220 V 交流电,功率稍大多为 380 V(或 440 V)交流电输入。

直流中间电路主要有两个作用:一是滤波,使输出的直流电源平滑,如图中的电容;二是限流和短路保护,如图中的限流电阻 R_s 和短路开关 S_s,在变频器刚接通电源瞬间,整流电路与直流电路之间串联了 R_s,可以削弱冲击电流的影响,正常时,将接通 S_s,短接 R_s,以免损耗。此外,由于

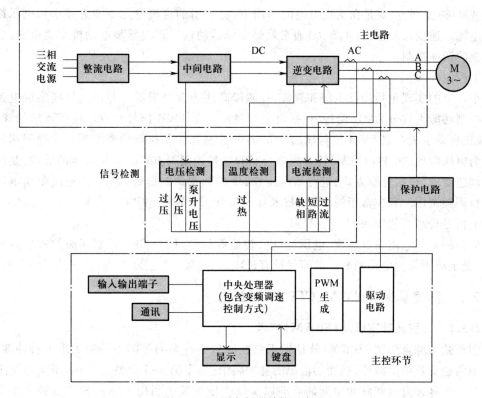

图 4-4 通用变频器结构示意图

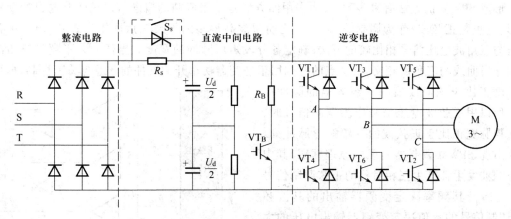

图 4-5 交-直-交 PWM 变频器主电路结构图

电动机制动需要,还设置泵升电压吸收电路,如图中 R_B、VT_B。

逆变电路是由全控型功率开关器件(可以采用 P-MOSFET、IGBT、MCT、IPM 等)组成的脉宽调制（PWM）逆变器，主要是在主控电路的作用下，将平滑的直流电源变换为频率和电压都可调的交流电源。逆变器的输出（A,B,C）通常就是变频器的输出作为异步电动机交流电源，实现异步电动机的调速控制。

（2）控制环节

这个环节的实现包括硬件电路和软件，一般以高性能微处理器和专用大规模集成电路作为核心。控制功能大致分为：① 监控，包括设定与显示。② PWM 信号生成。按照要求的频率、电压、载波比自动生成 6 路 PWM 信号输出。③ 各种控制规律和控制功能实现。变频调速的控制方式分为恒压频比（恒 V/f）控制、转差频率控制和矢量控制等方式。调频调压的实现，是由控制器按照调速要求，根据控制方式，进行基本运算，生成脉宽调制信号（PWM），通过驱动电路对逆变器进行调频调压。其中常用的 PWM 技术有 SPWM、CFPWM、SVPWM 技术。

（3）信号处理与故障保护

变频器的采样电路获取电流、电压、温度、转速等信号，作为 CPU 控制算法的依据或供显示用，或者送至故障保护电路判断。故障保护有过电流、过载、过电压、欠电压、过热、缺相、短路等。

4.2.3 脉宽调制（SPWM、CFPWM）技术

4.2.3.1 正弦波脉宽调制（SPWM）技术

所谓正弦波脉宽调制（SPWM）就是把正弦波等效为一系列等幅不等宽的矩形脉冲波形，作为所期望的逆变器输出波形，逆变器输出的脉冲幅值，就是图 4-5 中整流器的输出电压幅值 U_d，通过控制电压脉冲宽度和脉冲序列的周期以实现变压变频。利用 SPWM 控制变频器中逆变器的输出电压，可以有效抑制谐波，并可同时控制频率和电压。

形成 SPWM 的方法有很多种，较为实用的方法是采用调制的概念。以逆变器输出所期望的波形（这里是正弦波）作为调制波，以频率比期望波高得多的等腰三角形作为载波，通过正弦波电压与三角波电压信号相比较的方法，确定各分段矩形脉冲的宽度。当任一条不超过三角波幅值的光滑曲线与三角波相交时，交点的时刻用于逆变器功率开关器件的开通与关断控制，即可得到宽度正比于该曲线值的一组等幅的脉冲序列。所以用正弦波电压信号作为调制信号时，可获得脉宽正比于正弦波的等幅矩形脉冲列。图 4-6 是 SPWM 调制器实现的原理框图，其中由正弦波发生器产生三相对称的正弦调制信号 u_{ra}、u_{rb}、u_{rc}，其频率决定变频器输出的基波频率，调制信号的幅值决定变频器输出电压的大小，三角波发生器产生高频等幅的三角载波信号 u_t，两者经比较器比较后产生 SPWM 脉冲信号，再由逻辑电路将脉冲信号分配到变频器主电路去触发相应的开关器件。

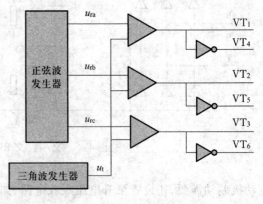

图 4-6　SPWM 实现原理框图

图 4-7 绘出了三相 SPWM 变频器工作在双极性控制方式时的输出电压波形。输出基波电压的大小和频率是通过改变正弦参考信号的幅值和频率来改变的。双极性控制时,变频器同一桥臂上下两个开关器件交替通断,处于互补的工作方式。例如图 4-7(b) 中 u_A 是在 $U_d/2$ 和 $-U_d/2$ 之间跳变的脉冲波形。图中 u_A、u_B、u_C 分别为以电源中点作为参考点的三相输出电压。u_{AB} 为输出线电压,脉冲幅值为 $+U_d$ 或 $-U_d$,u_{AO} 为电动机相电压波形。

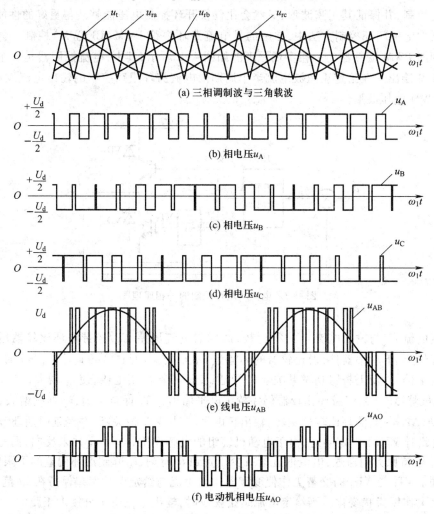

(a) 三相调制波与三角载波

(b) 相电压 u_A

(c) 相电压 u_B

(d) 相电压 u_C

(e) 线电压 u_{AB}

(f) 电动机相电压 u_{AO}

图 4-7　三相 PWM 逆变器双极性 SPWM 波形

PWM 实现方法主要有三种:一种是用微处理机通过软件生成 SPWM 波;另一种是使用专门用于 SPWM 控制的集成电路芯片产生 SPWM 波形;再一种是采用微处理机和专用集成电路相结合的方法,共同完成控制功能。目前,大多数可应用于电动机控制的微处理器,本身具有 SPWM

产生功能。

4.2.3.2   电流跟踪式 PWM（CFPWM）控制技术

上面讲述的 SPWM 控制技术以输出电压接近正弦波为目的，可以方便地按需要控制交流输出电压，作为电动机供电电源。但在交流变频调速系统中实际需要保证的是正弦波电流，在电动机绕组中通以三相平衡的正弦电流才能使合成的电磁转矩恒定，不含脉动分量。因此，若能对电流实行闭环控制，并保证其正弦波形，显然会比仅仅开环控制电压能够获得更好的性能。

变频器中电流闭环控制方法中，常用的是电流滞环跟踪 PWM（CFPWM）控制。具有电流滞环跟踪控制的 PWM 变频器的一相实现原理图如图 4-8 所示，其中，电流控制器是一个滞环的比较器。图 4-9 绘出了在给定正弦波电流半个周期内电流滞环跟踪控制的输出电流波形 $i_A = f(t)$ 和相应的 PWM 电压波形。

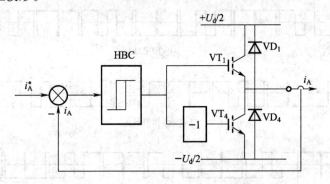

图 4-8   电流环跟踪控制的一相原理图

将给定电流 i_A^* 与输出电流 i_A 进行比较，产生的电流偏差 Δi_A 经带滞环比较器后控制变频器有关桥臂的上、下功率器件，设比较器的环宽为 $2h$，t_0 时刻（见图 4-9），$i_A^* - i_A \geq h$ 时，滞环比较器输出正电平信号，使上桥臂功率开关 VT_1 导通，变频器输出正电压，使 i_A 增大，当 i_A 增大到与 i_A^* 相等时，虽然 $\Delta i_A = 0$，但滞环比较器仍保持正电平输出，VT_1 保持导通，i_A 继续增大，直到 t_1 时刻，$i_A = i_A^* + h$，$\Delta i_A = -h$，滞环比较器翻转，输出负电平信号，VT_1 被关断，并经延时后驱动下桥臂器件 VT_4。但此时 VT_4 不一定导通，由于电动机绕组的电感作用，电流 i_A 并未反向，而是通过续流二极管 VD_4 维持原方向流通，电流值逐渐减少。直到 t_2 时刻，i_A 降到滞环偏差的下限值，又重新使 VT_1 导通。VT_1 与 VD_4 的交替工作使变频器输出电流与给定值的偏差保持在 $\pm h$ 范围之内，在给定电流上下作锯齿状变化。当给定电流是正弦波时，输出电流也十分接近正弦波。

无论在 i_A 的上升段还是下降段，它都是指数曲线的一小段，其变化率与电路参数和电动机的反电动势有关。当 i_A 上升时，输出电压是 $+U_d/2$，当 i_A 下降时，输出电压是 $-U_d/2$，可以看出输出电压是 PWM 波形。

4.2.4   变压变频调速的控制方式及其机械特性

在变频器中，根据变频调速的不同要求，采用相应控制方式，进行基本运算，得出所需的频率

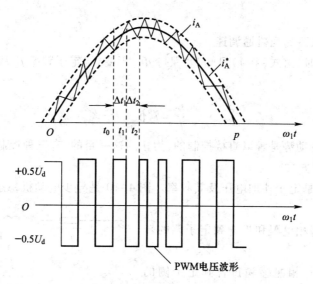

图 4-9　电流滞环跟踪控制时的电流波形与 PWM 电压波形

和电压,生成脉宽调制信号(PWM),通过驱动电路对逆变器进行调频调压。这一节讨论变压变频的控制思想和原理。

4.2.4.1　变压变频调速的基本思路

改变异步交流电动机供电电源频率,就可以改变同步调速 n_1,从而实现异步电动机的速度变化达到调速。在电动机调速时,希望保持每极磁通量为额定值不变。如果磁通太弱,没有充分利用电动机的铁心,造成浪费。如果磁通过分增大又会使铁心饱和,从而导致励磁电流过大,绕组过分发热,严重时还会因绕组过热而损坏电动机。因此希望频率在基频以下运行时,能保持磁通为额定磁通,即实现恒磁通变频调速,这样,调速时才能保持电动机的最大转矩不变。怎样才能保持磁通恒定呢?

三相异步电动机,定子每相电动势的有效值是:

$$E_g = 4.44 f_1 N_s K_{N_s} \Phi_m \tag{4-3}$$

其中:N_s——定子每相绕组串联匝数;

K_{N_s}——定子基波绕组系数;

Φ_m——每极气隙磁通;

E_g——气隙磁通在定子每相绕组中感应电动势有效值;

f_1——定子电源频率。

由此可得

$$\Phi_m = \frac{1}{4.44 N_s K_{N_s}} \frac{E_g}{f_1} = K \frac{E_g}{f_1} \tag{4-4}$$

式(4-4)表明,只要控制好 E_g 和 f_1 就可达到控制磁通 Φ_m 的目的。对此,需要考虑基频以下和基频以上两种情况。

4.2.4.2　基频以下的恒磁通调速

在基频以下调速时,由式(4-4)可知,要保持 Φ_m 不变,当定子频率 f_1 从额定值向下调节时,必须同时降低 E_g,使

$$\frac{E_g}{f_1}=常值 \tag{4-5}$$

然而,绕组中的感应电动势是难以直接控制的,为达到这一目的,有三种控制方式。

1. 恒压频比控制方式

我们所能控制的是定子外加电压及其频率。图 4-10 是异步电动机稳态等效电路。

其中:

R_s、R_r'——定子每相电阻和折合到定子侧的转子每相电阻;

L_{1s}、L_{1r}'——定子每相漏感和折合到定子侧的转子每相漏感;

L_m——定子每相绕组产生气隙主磁通的等效电感,即励磁电感;

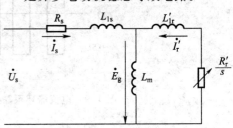

图 4-10　异步电动机稳态等效电路

U_s、ω_1——定子相电压和供电电源角频率。

由图 4-10 异步电动机稳态等效电路可知二者之间存在下列关系:

$$\dot{U}_s=\dot{E}_g+(R_s+j\omega_1 L_{1s})\,\dot{I}_s=\dot{E}_g+Z\dot{I}_s \tag{4-6}$$

当电动势值较高时,上式中的定子阻抗压降 $Z\dot{I}_s$ 便比 $\dot{E}_g$ 小得多,可以忽略定子绕组的漏磁阻抗压降,认为定子相电压与定子电势近似相等,即 $\dot{U}_s \approx \dot{E}_g$,根据式(4-5),得

$$\frac{U_s}{f_1}=常值 \tag{4-7}$$

这就是恒压频比的控制方式。即只要保持异步电动机供电电源的 U_s 和频率 f_1 的比值恒定,气隙磁通就可以近似保持恒定。因此,在基频以下,电压、频率的基本要求就是保持电压、频率比基本恒定。

低频时,U_s 和 f_1 都较小,定子阻抗压降所占的分量就比较显著,不再能忽略。这时可以人为地把电压 U_s 抬高一些,以便近似地补偿定子阻抗压降。带定子压降补偿的恒压频比控制特性示于图 4-11 中的 b 线,无补偿的控制特性则为 a 线。在实际应用中,由于负载的变化,所补偿的定子压降也不一样,变频器中一般备有不同斜率的补偿曲线,以供选择。

下面分析恒压频比控制变频调速时异步电动机的机械特性。

在图 4-10 异步电动机的稳态等效电路图中,忽略励磁电流,得到异步电动机的简化等效电路,如图 4-12。

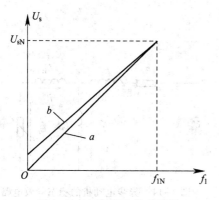

图4-11 恒压频比控制特性

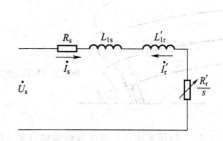

图4-12 异步电动机的简化等效电路图

由图可以导出

$$I_s \approx I_r' = \frac{U_s}{\sqrt{\left(R_s + \dfrac{R_r'}{s}\right)^2 + \omega_1^2 \left(L_{1s} + L_{1r}'\right)^2}} \tag{4-8}$$

异步电动机的电磁功率 $P_M = \dfrac{3I_r'^2 R_r'}{s}$，同步机械角转速 $\omega_{m_1} = \dfrac{\omega_1}{n_p}$，则异步电动机的电磁转矩为

$$T_e = \frac{P_M}{\omega_{m_1}} = \frac{3n_p I_r'^2}{\omega_1} \frac{R_r'}{s} = \frac{3n_p U_s^2 R_r'/s}{\omega_1 \left[\left(R_s + \dfrac{R_r'}{s}\right)^2 + \omega_1^2 \left(L_{1s} + L_{1r}'\right)^2\right]} \tag{4-9}$$

可改写为如下形式

$$T_e = 3n_p \left(\frac{U_s}{\omega_1}\right)^2 \frac{s\omega_1 R_r'}{\left(sR_s + R_r'\right)^2 + s^2 \omega_1^2 \left(L_{1s} + L_{1r}'\right)^2} \tag{4-10}$$

将式(4-10)对 s 求导，并令 $\dfrac{\mathrm{d}T_e}{\mathrm{d}s} = 0$，可得 U_s/ω_1 为恒值时最大转矩 T_{em} 和临界转差率 s_m 随角频率 ω_1 的变化关系为

$$T_{em} = \frac{3}{2} n_p \left(\frac{U_s}{\omega_1}\right)^2 \frac{1}{\dfrac{R_s}{\omega_1} + \sqrt{\left(\dfrac{R_s}{\omega_1}\right)^2 + \left(L_{1s} + L_{1r}'\right)^2}} \tag{4-11}$$

$$s_m = \frac{R_r'}{\sqrt{R_s^2 + \omega_1^2 \left(L_{1s} + L_{1r}'\right)^2}} \tag{4-12}$$

可见 T_{em} 是随着 ω_1 的降低而减小的。频率很低时，T_{em} 太小将限制调速系统的带负载能力，这是恒压频比运行方式存在的一个问题。可以采用定子压降补偿，适当地提高电压 U_s，以增强带负载能力，机械特性如图4-13所示，虚线为补偿定子电压后的特性。但尽管有了电压补偿，在低频时带负载能力必然有限，使其调速范围受到限制，影响系统性能。

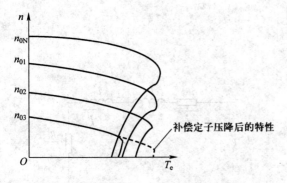

图 4-13　恒压频比控制时变频调速的机械特性

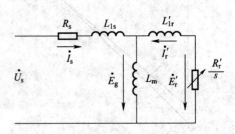

图 4-14　异步电动机的稳态等效电路

2. 恒定子电动势频比控制

上述恒压频比运行方式,如果不进行电压补偿或电压补偿得不恰当,则最大转矩将随频率而变化,低频时转矩的减小将导致调速系统的性能变差。引起转矩变化的主要原因是以恒压频比方式运行时,当频率降低时,电动机的气隙磁通 Φ_m 跟着降低,从而引起转矩($T_\mathrm{e}=K_\mathrm{T}\Phi_\mathrm{m}I_\mathrm{r}'\cos\varphi_\mathrm{r}$)减小,如果在变频运行时,能控制电压和频率使运行中的气隙磁通保持恒定,那么就可以解决低频时转矩减小的问题,从而改善低速时的运行性能。

再次绘出异步电动机的稳态等效电路,如图 4-14 所示。

如果在电压-频率协调控制中,恰当地提高电压的分量,使它在克服定子阻抗压降以后,能维持 E_g/ω_1 为恒值,则由式(4-4)可知,无论频率高低,每极磁通 Φ_m 均为常值,下面推导 E_g/ω_1 控制时的机械特性。

由图 4-14 等效电路中可以看出:

$$I_\mathrm{r}' = \frac{E_\mathrm{g}}{\sqrt{\left(\dfrac{R_\mathrm{r}'}{s}\right)^2 + \omega_1^2 L_{1\mathrm{r}}'^2}} \tag{4-13}$$

代入电磁转矩关系式,得:

$$T_\mathrm{e} = \frac{3n_\mathrm{p}}{\omega_1}\frac{E_\mathrm{g}^2}{\left(\dfrac{R_\mathrm{r}'}{s}\right)^2 + \omega_1^2 L_{1\mathrm{r}}'^2}\frac{R_\mathrm{r}'}{s} = 3n_\mathrm{p}\left(\frac{E_\mathrm{g}}{\omega_1}\right)^2\frac{s\omega_1 R_\mathrm{r}'}{R_\mathrm{r}'^2 + s^2\omega_1^2 L_{1\mathrm{r}}'^2} \tag{4-14}$$

将式(4-14)对 s 求导,并令 $\dfrac{\mathrm{d}T_\mathrm{e}}{\mathrm{d}s}=0$,可得恒 E_g/ω_1 控制时最大转矩及对应的临界转差率

$$T_\mathrm{em} = \frac{3}{2}n_\mathrm{p}\left(\frac{E_\mathrm{g}}{\omega_1}\right)^2\frac{1}{L_{1\mathrm{r}}'} \tag{4-15}$$

$$s_\mathrm{m} = \frac{R_\mathrm{r}'}{\omega_1 L_{1\mathrm{r}}'} \tag{4-16}$$

由式(4-15)可见最大转矩与气隙磁通的平方成正比,当 E_g/ω_1 为恒值,即 T_em 值也恒定不变,机

械特性如图4-15所示。比较式(4-15)和式(4-11),式(4-16)和式(4-12)可以看出恒 E_g/ω_1 控制时的最大转矩和临界转差频率较恒压频比运行时要大得多,这说明前者具有更大的过载能力和更宽的运行段范围(机械特性线性段范围)。

可以看出恒 E_g/ω_1 值控制的稳态性能是优于恒压频比控制的。它正是恒压频比控制时补偿定子压降所带来的好处。

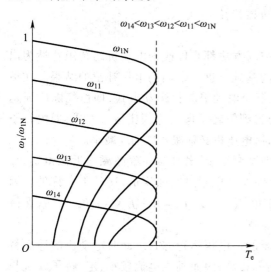

图4-15 恒 E_g/ω_1 变压变频调速时的机械特性

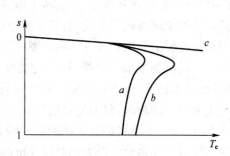

图4-16 不同电压频率协调控制方式的机械特性

a:恒 U_s/ω_1 控制 b:恒 E_g/ω_1 控制 c:恒 E'_r/ω_1 控制

3. 恒转子电动势频比控制

进一步研究图4-14,由图4-14可以写出转子电流

$$I_r = \frac{E_r}{R_r/s} \tag{4-17}$$

代入电磁转矩基本关系式,得

$$T_e = \frac{3n_p}{\omega_1} \frac{E'^2_r}{\left(\frac{R'_r}{s}\right)^2} \frac{R'_r}{s} = 3n_p \left(\frac{E'_r}{\omega_1}\right)^2 \frac{s\omega_1}{R'_r} \tag{4-18}$$

设 E'_r/ω_1 恒定,由式(4-18)可以看出,如果能够通过某种方式直接控制转子电动势 E'_r,则这时的机械特性 $T_e = f(s)$ 如图4-16中 c 线,完全是一条直线。这与直流电动机改变电枢端电压时的机械特性完全相同。显然,恒 E'_r/ω_1 控制的稳态性能最好,可以获得和直流电动机一样的线性机械特性。这也是高性能交流变频调速真正应该追求的目标。

对比三种协调控制方式,在相同 ω_1 下, U_s/ω_1 =常量控制最容易实现,它的变频机械特性基本上是平行移动,硬度也较好,但低速性能不太理想,能满足一般的调速要求,适用于对调速要求不太高的场合。

$E_g/\omega_1 =$ 常量控制是通常对恒压频比控制进行补偿,可以在稳态时达到 $\varPhi_m =$ 恒值,从而改善了低速性能。但机械特性还是非线性的,输出转矩的能力仍受到限制。

$E_r'/\omega_1 =$ 常量控制可以得到和直流他励电动机一样的线性机械特性,按照转子全磁通 $\varPhi_r =$ 恒值进行控制即可实现 $E_r'/\omega_1 =$ 常量,在动态中尽可能保持 $\varPhi_r$ 恒定正是 4.3 节研究的矢量变频控制技术。

图 4-16 表示了不同电压频率协调控制方式的机械特性。

4.2.4.3　基频以上的恒压变频调速

基频以下运行时所介绍的三种电压、频率协调控制方法都是以改善电动机的转矩特性为出发点的,其中后两种方法可以看做是在第一种方法的基础上进行恰当的电压补偿的结果。在恒压频比运行的基础上,补偿定子阻抗压降便得到恒定子电动势频比运动方式,即恒气隙磁通运行,在恒气隙磁通运行基础上,补偿转子漏抗压降便得到恒转子电动势频比运行方式,即恒转子磁通运行。不论哪种运行方式,当频率增加或减小时,电压也必须跟着增加或减小。

当外加电源的频率超过电动机的额定频率时,即基频以上,若要保持气隙磁通近似恒定,那么电压也应成比例增加。但是,这将造成电动机的外加电压超过其额定值,这是不允许的。因此,在基频以上调速,定子外加电压只能保持为额定电压。由式 $E_g = 4.44 f_1 N_s K_{N_s} \varPhi_m$ 可知,保持电压恒定而频率增加时,将迫使磁通与频率成反比地减小。

在基频以上,电动机将处于一种变频但不变电压的恒电压运行方式。此时电动机的稳态特性计算可以进一步简化。因为此时电动机的定子频率较高,因而励磁电流较小,定、转子漏抗与定子阻抗相比变得较大。因此,忽略 L_m 和 R_s 的影响并不会引起多大的误差,则得:

$$T_e = 3 n_p \left(\frac{U_s}{\omega_1} \right)^2 \frac{\omega_1 R_r'}{(R_r'/s)^2 + \omega_1^2 (L_{1s} + L_{1r}')^2} \frac{1}{s} \qquad (4-19)$$

则可求出最大转矩:

$$T_{em} = \frac{3 n_p U_s^2}{2 \omega_1^2 (L_{1s} + L_{1r}')} \qquad (4-20)$$

当角频率提高而电压不变时,同步转速随之提高,临界转矩减小,气隙磁通也势必减弱,机械特性上移,并变软。

4.2.4.4　基频以下和基频以上控制

基频以下和基频以上控制特性示于图 4-17。如果电动机在不同转速下都达到额定电流,则电动机都能在温升允许条件下长期运行,这时转矩基本上随磁通变化,按照电力拖动原理,在基频以下,磁通恒定时转矩也恒定,属于“恒转矩调速”的性质;而在基频以上,转速升高时,转矩降低,基本上属于“恒功率调速”。

由上所述,基频以下变频调速时,电动机内部阻抗也将改变,单是改变频率将产生由弱磁引起的转矩不足。倘若过励磁又会引起磁饱和等现象,导致电动机的功率因数、效率显著下降。V/f 控制必须是改变频率的同时,改变变频器的输出电压,才能保证调速电动机的效率、功率因数不下降。V/f 控制比较简单,多用于通用型变频器、风机泵类的节能、生产流水线的工作台传

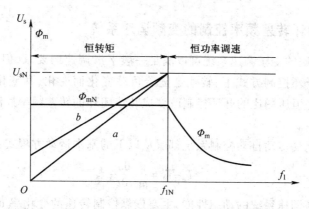

图 4-17 异步电动机变频调速控制特性

动、空调和家电等。

4.2.5 转速开环恒压频比控制的变频调速系统

和直流调速系统一样,变频调速系统也可分为转速开环和转速闭环两大类。风机、泵类等负载对调速性能要求不高,可以采用转速开环电压频率协调控制的方案,这就是一般的通用变频器控制系统,通用变频器主控环节控制原理如图 4-4。

图 4-18 是转速开环恒压频比控制的交流调速系统结构图。

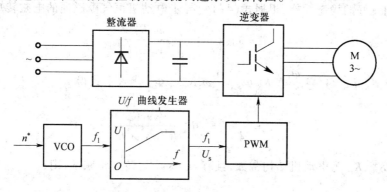

图 4-18 转速开环变压变频调速原理结构

由电压型 PWM 变频器作为交流电动机的供电电源,电路中 VCO 把转速给定信号转化为频率指令信号,U/f 曲线发生器根据频率的设定值来确定 U/f 的比例关系,控制信号调制以获得主电路开关器件通断所需的 PWM 控制信号,实现变频调速。

当实际频率大于或等于额定频率时,只能保持额定电压不变。而当实际频率小于额定频率时,一般是带低频补偿的恒压频比控制。

4.2.6　转速闭环转差频率控制的变频调速系统

转速开环恒压频比的变频调速系统可以满足一般平滑调速的要求,但难以取得较好的静动态调速性能,因为在开环控制方式下,转速会随着负载变化而变化,其变化量与转差率成正比。若能获得转速信息,将恒压频比的开环控制改变成转速闭环的转差频率控制,这样就能改善系统性能,尤其是静态性能。

我们知道,任何电气传动自动控制系统都服从以下的基本运动方程式:

$$T_e - T_L = \frac{J}{n_p} \frac{d\omega}{dt}$$

从方程式看出,要提高调速系统的动态性能,主要依靠控制转速的变化率 $d\omega/dt$,显然,控制电磁转矩 T_e 就能控制 $d\omega/dt$。因此归根结底,调速系统的动态性能就是控制其转矩的能力。

直流电动机的转矩与电流成正比,控制电流就能控制转矩。在交流异步电动机中,影响转矩的因素很多,按照电机学原理中的转矩公式:

$$T_e = K_T \Phi_m I'_r \cos\varphi_r \tag{4-21}$$

可以看出,气隙磁通、转子电流、转子功率因数都影响转矩,而这些量又都和转速有关,所以控制交流异步电动机转矩的问题就复杂得多。

4.2.6.1　转差频率控制的基本概念

采用恒 E_g/ω_1 控制方式,在任何频率下都能保持气隙磁通 Φ_m 不变,这样最大转矩 T_{em} 也不变,显然能得到良好的稳态性能,根据式(4-14)异步电动机恒气隙磁通的电磁转矩公式:

$$T_e = 3n_p \left(\frac{E_g}{\omega_1}\right)^2 \frac{s\omega_1 R'_r}{R'^2_r + s^2 \omega^2_1 L'^2_{1r}}$$

将 $E_g = 4.44 f_1 N_s K_{N_s} \Phi_m = 4.44 \frac{\omega_1}{2\pi} N_s K_{N_s} \Phi_m = \frac{1}{\sqrt{2}} \omega_1 N_s K_{N_s} \Phi_m$ 代入上式得

$$T_e = \frac{3n_p}{2} N^2_s K^2_{N_s} \Phi^2_m \frac{s\omega_1 R'_r}{R'^2_r + s^2 \omega^2_1 L'^2_{1r}} \tag{4-22}$$

令 $K_m = \frac{3}{2} n_p N^2_s K^2_{N_s}$,$K_m$ 为电动机结构常数,且有 $\omega_s = s\omega_1$ 为转差角频率,则:

$$T_e = K_m \Phi^2_m \frac{\omega_s R'_r}{R'^2_r + (\omega_s L'_{1r})^2} \tag{4-23}$$

当电动机稳态运行时,转差 s 较小,因而 $\omega_s = s\omega_1$ 也很小,则转矩可近似表示为

$$T_e \approx K_m \Phi^2_m \frac{\omega_s}{R'_r} \tag{4-24}$$

式(4-24)表明,在 s 值很小的范围内,只要能保持定子气隙磁通 Φ_m 不变,异步电动机的转矩就近似与转差角频率 ω_s 成正比。这就是说,在异步电动机中控制转差频率 ω_s 就和直流电动机控制电流一样,能够达到间接控制转矩的目的。控制转差频率就代表控制转矩,这就是转差频率控

制的基本概念。

式(4-24)的转矩表达式是在 ω_s 较小的基础上得到的,ω_s 较大时,应该采用精确的转矩公式,即式(4-23),根据这个公式可以画出转矩特性 $T_e = f(\omega_s)$ 曲线如图 4-19 所示。

由图可见,在 $\omega_s < \omega_{sm}$ 的运行段上,转矩 T_e 基本上与 ω_s 成正比,当达到其最大值 T_{em} 时,ω_s 也达到其临界值 ω_{sm},对于式(4-23),取 $\mathrm{d}T_e/\mathrm{d}\omega_s = 0$,可得:

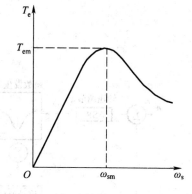

$$T_{em} = \frac{K_m \Phi_m^2}{2 L_{lr}'} \qquad (4-25)$$

$$\omega_{sm} = \frac{R_r'}{L_{lr}'^2} = \frac{R_r}{L_{lr}} \qquad (4-26)$$

在转差频率控制系统中只要给 ω_s 限幅,使其限幅值为

$$\omega_{smax} < \omega_{sm} = \frac{R_r}{L_{lr}} \qquad (4-27)$$

图 4-19 恒 Φ_m 控制的 $T_e = f(\omega_s)$ 特性

就可以基本保持 T_e 与 ω_s 的正比关系,也就可以用转差频率来代表转矩控制。这是转差频率控制的基本规律之一。

上述规律是在保持 Φ_m 恒定的前提下才成立的,若要保持 Φ_m 为恒值,即保持励磁电流 I_0 恒定,而励磁电流 I_0 与定子电流 I_s 之间有如下关系:

$$I_s = f(\omega_s) = I_0 \sqrt{\frac{R_s'^2 + \omega_s^2 (L_m + L_{ls}')^2}{R_s'^2 + \omega_s^2 L_{ls}'^2}} \qquad (4-28)$$

因此,若保持 Φ_m 恒定,I_s 与转差频率 ω_s 之间函数关系符合式(4-28),该函数曲线如图 4-20 所示。其中当 $\omega_s = 0$ 时,$I_s = I_0$;当 $\omega_s \to \infty$ 时,$I_s = I_{smax}$。

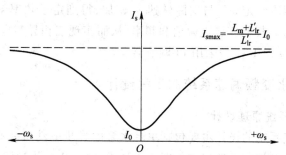

图 4-20 保持 Φ_m 恒定时的 $I_s = f(\omega_s)$ 函数曲线

总结起来,转差频率控制的规律是:

(1) 在 $\omega_s \leqslant \omega_{sm}$ 范围内,转矩 T_e 基本上与 ω_s 成正比,通过控制 ω_s,就可以控制电动机电磁转矩,条件是气隙磁通不变。

(2) 在不同的定子电流 I_s 值时,按式(4-28)或图 4-20 的函数关系控制定子电流,就能保持气隙磁通恒定。

4.2.6.2 控制策略实现

实现上述转差频率控制规律的转速闭环变压变频调速系统结构原理如图 4-21 所示。

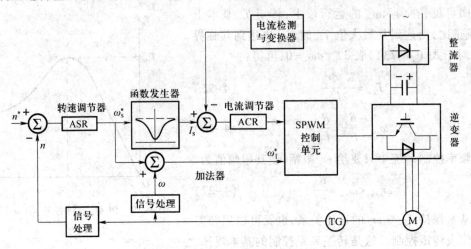

图 4-21 转差频率控制的转速闭环变压变频调速系统结构原理图

从图 4-21 可知,控制系统由转速调节器、电流调节器、函数发生器、整流与逆变电路、SPWM 控制电路、异步电动机及信号测量与处理电路等组成,其中异步电动机由 SPWM 控制逆变器供电。转速调节器 ASR 的输出是转差频率给定值 ω_s^*,代表转矩给定。函数发生器输入转差频率产生电流给定信号,并通过电流调节 ACR 控制定子电流,以保持 Φ_m 为恒值;同时将转速调节器 ASR 的输出信号转差频率给定 ω_s^* 与实际转速 ω 相加,得到定子频率给定信号 ω_1^*。电流调节 ACR 和加法器的输出分别控制正弦波幅值和频率,从而实现三相异步电动机变频调速。转速调节器 ASR 和电流调节器 ACR 一般采用 PI 调节器。

4.2.7 恒压供水变频调速系统的工程设计

1. 单泵变频调速系统原理设计

恒压供水变频调速系统的设计主要包括单台水泵的异步电动机变频调速的设计,以及被控泵工频和变频之间切换。控制系统组成如图 4-1 所示,在 4.2.1 节对任务需求进行了描述,本节主要讨论单台水泵的异步电动机变频调速的设计。

供水管网的压力反映了用水状况,因此恒压供水系统控制的对象是用户供水管网的水压,系统以供水管网的水压形成闭环系统,采用 PID 调节器,PID 调节功能可以在变频器内实现,也可以在上位控制器 PLC 中实现。控制系统原理框图如图 4-22 或图 4-23 所示,其中图 4-22 采用变频器内置了 PID 模块,图 4-23 由 PLC 实现控制 PID 算法。给定的管网压力通过变频器操作面板进行设置,或 PLC 程序设定。压力传感器用于检测水泵的出口压力或者用户供水管网的出水压力,当用水量大(或小)时,供水管网的出水压力就下降(或上升),用户供水管网水压的变化通过传感器检测送入变频器(或 PLC),计算出给定值与反馈值比较后的偏差,进行 PID 调节,得出异步电动机(变频泵)运行频率的当前值,并根据电压频率协调的控制方式,计算出异步电动机(变频泵)定子供电电源的电压和运行频率,由 SPWM 技术实现恒压频比控制,从而调节异步电动机的速度。当供水管网的实际压力低于设定压力,变频器运行频率升高,电动机转速升高,增加管网的供水量,反之频率则降低。

图 4-22、图 4-23 所示变频器框中 V/f 恒压频比控制方式和 SPWM 实现正是 4.2 节的主要知识点。

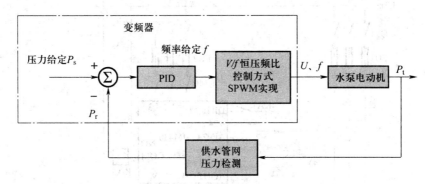

图 4-22 单个泵变频恒压控制原理框图

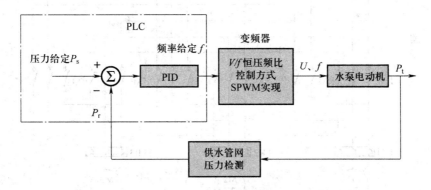

图 4-23 PLC 实现 PID 的泵变频恒压控制原理框图

2. 设备选型

PLC 的选择:在供水系统控制中,往往需要采集压力、流量、液位等传感器信号,这些信号通常是模拟量,因此需要配置模拟量模块。根据系统需求,计算开关量点数和模拟量路数,以选择 PLC 的 CPU 和数字量、模拟量模块。

变频器的选择:对于泵类负载变频器可以选取通用变频器,或风机水泵专用型变频器。具体功能指标包括容量、调速范围、内置控制功能等。依据所配电动机的额定功率和额定电流来确定变频器容量。根据控制功能不同,通用变频器可分为三种类型:普通功能型 *V/f* 控制变频器、具有转矩控制功能的高功能型 *V/f* 控制变频器以及矢量控制高功能型变频器。供水系统属泵类负载,低速运行时的转矩小,可选用价格相对便宜的 *V/f* 控制变频器。

3. 电气连接

图 4-24 是系统电气原理图。

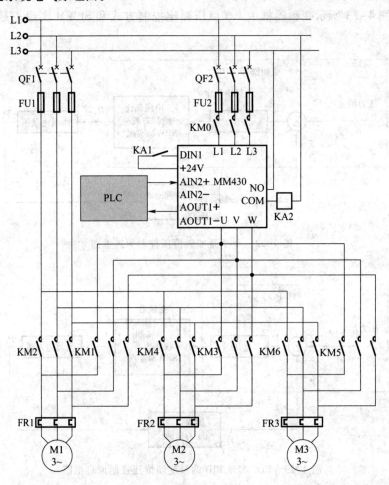

图 4-24　电气原理图

变频器启停由 PLC 控制继电器 KA1 实现,变频器的故障报警通过继电器 KA2 输出,PLC 通过 I/O 口对故障信号采集处理。AIN2+、AIN2- 是变频器模拟量输入口,图 4-24 中通过 PLC 的模拟量输出口提供 0～20 mA 作为压力给定值,经 AIN2+、AIN2- 端口至变频器,若采用图 4-23 结构,则由 PLC 的模拟量输出口提供 0～20 mA 作为频率给定值,经 AIN2+、AIN2- 口至变频器,变频频率对应为 0~50 Hz。实时运行频率可以通过变频器 AOUT1+、AOUT1-口获得。

4. 变频器功能参数设置

应用变频器首先要进行参数设置,该案例中变频器采用西门子 MM430,MM430 变频器是基于 V/f 控制特性的通用型变频器。与其他通用变频器一样,MM430 变频器具有上千个参数,大致分类包括基本功能、用户参数、控制方式选择、保护功能、频率设置等。要达到理想的控制效果有些关键参数设定很重要。基本设置如:

(1)上限频率,与水泵额定频率相等,一般为 50 Hz。

(2)下限频率,根据水泵最低容许工作频率确定,不会等于零。

(3)基底频率,一般为额定频率 50 Hz。

(4)电动机加速、减速时间:低速起动斜坡上升时间、低速停止的斜坡下降时间、高速起动的斜坡上升时间、高速停止的斜坡下降时间。

(5)起动频率,水泵在起动前,其叶轮全部在水中,起动时,存在着一定的阻力,在从 0 Hz 开始起动的一段频率内,实际上转不起来,因此,应适当预置起动频率值。

(6)PID 控制参数设置,如果在变频器中实现 PID 调节,需要对 PID 参数进行设置,包括 PID 模式选择和比例积分微分参数设置。

(7)控制方式的选择,对于通用变频器根据不同应用,可选择不同的 V/f 控制方式。如线性 V/f 控制,可用于可变转矩和恒定转矩的负载,例如,带式运输机和正排量泵类;带磁通电流控制的线性 V/f 控制,这一控制方式可用于提高电动机的效率和改善其动态响应特性;抛物线 V/f 控制,这一方式可用于可变转矩负载,例如,风机和水泵;以及用于纺织机械的 V/f 控制。

5. PLC 程序内容

PLC 控制程序由主程序和功能子程序组成,主要功能子程序模块包括:

(1)起停电动机,通过给变频器起动和停止信号,起停供水泵电动机。

(2)水泵电动机变频、工频切换控制模块。

(3)故障检测与处理功能模块,包括变频器故障,传感器断线,水压、液位信号异常,电动机过载过热、输入缺相等。一旦发生故障,立即停止电动机。

(4)报警,根据故障作出相应报警。

4.3　交流异步电动机矢量控制

4.3.1　矢量控制案例——数控机床中电主轴调速

1. 任务需求

数控系统的运动控制包括伺服轴的伺服控制和主轴调速控制,主轴速度要求 8000 r/min 以上的加工中心和数控机床多采用内装式电主轴单元。在结构上,电主轴是将机床主轴与交流电动机的转子合二为一,从而省去了诸如齿轮、皮带等普通机床主轴所固有的功率传递装置,电主轴结构如图 4-25 所示。在目前数控机床的主轴速度控制中,对于普及型数控机床一般采用交流异步电动机配备通用变频器的方式,对于高档数控机床采用交流伺服主轴系统(即交流伺服主轴电动机配备主轴专用变频调速装置),交流伺服主轴电动机大多采用异步电动机,其控制方式为具有位置、速度反馈的矢量控制或直接转矩控制。

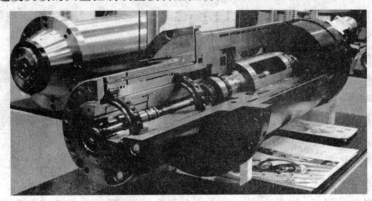

图 4-25　电主轴结构图

为满足数控机床对主轴驱动要求,电主轴调速系统必须具有以下性能:

(1) 宽调速范围,且速度稳定性能要高;

(2) 低频转矩输出高,无爬行现象,转矩脉动小,从而使工件切削面不产生波纹,保证加工质量;

(3) 加减速时间短;

(4) 过载能力强;

(5) 噪声低、震动小、寿命长;

(6) 逆变器输出电流的谐波成分及电动机的谐波损耗小,电压利用率高。

2. 知识引导

前面讨论的基于稳态模型 V/f 恒定的控制方法简单,主要用于动态性能要求不高的场合。要获得高动态调速性能,必须通过控制电动机的电磁转矩来控制转速,这就需要从动态模型出发,分析异步电动机的调速方法,矢量控制和直接转矩控制正是基于动态模型的高性能交流电动机调速控制方法。矢量控制系统的构成有好几种方式,但理论知识是一致的,图 4-26 是应用于数控系统主轴调速的基于转矩闭环控制的矢量控制系统结构图。矢量控制原理是通过坐标变换(即矢量变换和按转子磁链定向),从而将定子电流分解成励磁分量和转矩分量,实现类似于直流电动机的调速控制。图中坐标变换和反旋转变换理论知识、电压空间矢量(SVPWM)控制原理、采用矢量控制的变频调速控制系统的原理和实现正是本节详细介绍的内容。在实际应用中矢量控制方法和 SVPWM 变频技术在矢量变频器或伺服驱动器中实现。

下面从异步电动机动态数学模型入手,经过坐标变换简化电动机模型,在同步旋转坐标系将

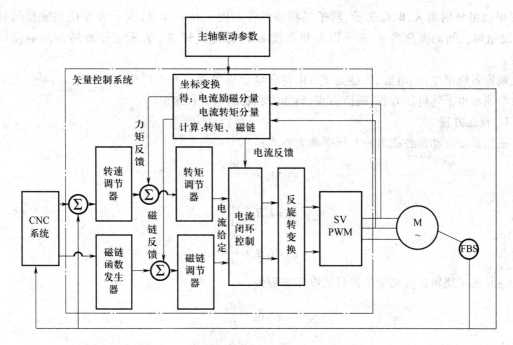

图 4-26 转矩闭环控制的矢量控制系统结构图

异步电动机等效为他励直流电动机进行控制,实现高性能。

4.3.2 异步电动机数学模型

异步电动机是一个高阶、非线性、强耦合的多变量系统,为深入了解电压、电流、电感、磁链、转矩等物理量的相互关系,需建立动态数学模型进行描述。为便于分析,忽略非线性因素,做以下假设:

(1)三相绕组对称,在空间互差120°电角度,磁动势沿气隙周围按正弦规律分布;

(2)忽略磁路饱和,各绕组的自感和互感都是线性;

(3)忽略铁心损耗;

(4)不考虑频率变化和温度变化对绕组电阻的影响。

无论异步电动机转子是绕线式还是鼠笼式,都将它等效成绕线式转子,并折算到定子侧,折算后的定子和转子绕组匝数都相等。这样,得到图4-27所示三相异步电动机的定、转子绕组分布示意图,定

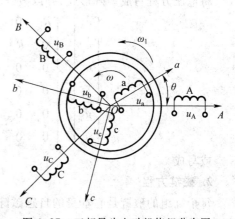

图 4-27 三相异步电动机绕组分布图

子三相绕组分别用 A、B、C 表示,转子三相绕组分别用 a、b、c 表示,定子 A 相绕组轴线与转子 a 相绕组轴线间的夹角为 θ,转子以电角速度 ω 逆时针旋转,ω_1 表示定子旋转磁场的同步角速度。

规定各绕组电压、电流、磁链的正方向符合电动机惯例和右手螺旋定则。这时,异步电动机的数学模型由下述电压方程、磁链方程、转矩方程和运动方程组成。

1. 电压方程

三相异步电动机各绕组的电压平衡方程为:

$$u_A = i_A R_s + \frac{d\psi_A}{dt}$$

$$u_B = i_B R_s + \frac{d\psi_B}{dt} \qquad (4-29)$$

$$u_C = i_C R_s + \frac{d\psi_C}{dt}$$

三相转子绕组折算到定子侧后的电压方程为:

$$u_a = i_a R_r + \frac{d\psi_a}{dt}$$

$$u_b = i_b R_r + \frac{d\psi_b}{dt} \qquad (4-30)$$

$$u_c = i_c R_r + \frac{d\psi_c}{dt}$$

式中:u_A、u_B、u_C、u_a、u_b、u_c——定子和转子相电压的瞬时值;

　　　i_A、i_B、i_C、i_a、i_b、i_c——定子和转子相电流的瞬时值;

　　Ψ_A、Ψ_B、Ψ_C、Ψ_a、Ψ_b、Ψ_c——各相绕组的全磁链;

　　　　　　　　R_s、R_r——定子和转子绕组电阻。

将电压方程写成矩阵形式,并以微分算子 p 代替微分符合 d/dt

$$
\begin{bmatrix} u_A \\ u_B \\ u_C \\ u_a \\ u_b \\ u_c \end{bmatrix}
=
\begin{bmatrix}
R_s & 0 & 0 & 0 & 0 & 0 \\
0 & R_s & 0 & 0 & 0 & 0 \\
0 & 0 & R_s & 0 & 0 & 0 \\
0 & 0 & 0 & R_r & 0 & 0 \\
0 & 0 & 0 & 0 & R_r & 0 \\
0 & 0 & 0 & 0 & 0 & R_r
\end{bmatrix}
\begin{bmatrix} i_A \\ i_B \\ i_C \\ i_a \\ i_b \\ i_c \end{bmatrix}
+ p
\begin{bmatrix} \psi_A \\ \psi_B \\ \psi_C \\ \psi_a \\ \psi_b \\ \psi_c \end{bmatrix}
\qquad (4-31)
$$

或写成

$$\boldsymbol{u} = \boldsymbol{R}\boldsymbol{i} + p\boldsymbol{\Psi} \qquad (4-32)$$

2. 磁链方程

每个绕组的磁链是它本身的自感磁链和其他绕组对它的互感磁链之和,因此,六个绕组的磁链可表达为:

$$\begin{bmatrix} \psi_A \\ \psi_B \\ \psi_C \\ \psi_a \\ \psi_b \\ \psi_c \end{bmatrix} = \begin{bmatrix} L_{AA} & L_{AB} & L_{AC} & L_{Aa} & L_{Ab} & L_{Ac} \\ L_{BA} & L_{BB} & L_{BC} & L_{Ba} & L_{Bb} & L_{Bc} \\ L_{CA} & L_{CB} & L_{CC} & L_{Ca} & L_{Cb} & L_{Cc} \\ L_{aA} & L_{aB} & L_{aC} & L_{aa} & L_{ab} & L_{ac} \\ L_{bA} & L_{bB} & L_{bC} & L_{ba} & L_{bb} & L_{bc} \\ L_{cA} & L_{cB} & L_{cC} & L_{ca} & L_{cb} & L_{cC} \end{bmatrix} \begin{bmatrix} i_A \\ i_B \\ i_C \\ i_a \\ i_b \\ i_c \end{bmatrix} \tag{4-33}$$

或写成
$$\boldsymbol{\Psi} = \boldsymbol{L}\boldsymbol{i} \tag{4-34}$$

式中:$\boldsymbol{L}$ 是 6×6 电感矩阵,其中对角线元素 L_{AA}、L_{BB}、L_{CC}、L_{aa}、L_{bb}、L_{cc} 是各有关绕组的自感,其余各项则是绕组间的互感。

以 A 相定子绕组为例,
$$\psi_A = L_{AA}i_A + L_{AB}i_B + L_{AC}i_C + L_{Aa}i_a + L_{Ab}i_b + L_{Ac}i_c \tag{4-35}$$

L_{AA} 为 A 相绕组自感。A 相电流产生的磁通一部分穿过气隙成为主磁通,对应的电感称为定子电感 L_{ms},另一部分不穿过气隙只与 A 相绕组交链成为漏磁通,对应的电感称为定子漏感 L_{1s}。故有:
$$L_{AA} = L_{ms} + L_{1s} \tag{4-36}$$

L_{AB} 为 A、B 相绕组互感。A、B 两相绕组空间相位差是 120°,在气隙磁通正弦分布的条件下,有 $L_{AB} = L_{ms}\cos 120°$。

L_{Aa} 为 A、a 定转子绕组互感。折算后定、转子绕组匝数相等,主磁通对应的电感相等,故 $L_{ms} = L_{mr}$。L_{Aa} 随位置角 θ 变化,有 $L_{Aa} = L_{ms}\cos\theta$。

因此,电感分为绕组自感、固定绕组间互感和定转子绕组间互感。各相绕组电感总结如下。

定子各相自感为:
$$L_{AA} = L_{BB} = L_{CC} = L_{ms} + L_{1s} \tag{4-37}$$

转子各相自感为:
$$L_{aa} = L_{bb} = L_{cc} = L_{mr} + L_{1r} = L_{ms} + L_{1r} \tag{4-38}$$

定子互感为:
$$L_{AB} = L_{BC} = L_{CA} = L_{BA} = L_{CB} = L_{AC} = L_{ms}\cos 120° \tag{4-39}$$

转子互感为:
$$L_{ab} = L_{bc} = L_{ca} = L_{ba} = L_{cb} = L_{ac} = L_{ms}\cos 120° \tag{4-40}$$

定、转子绕组间互感为:
$$L_{Aa} = L_{aA} = L_{Bb} = L_{bB} = L_{Cc} = L_{cC} = L_{ms}\cos\theta \tag{4-41}$$

$$L_{Ac} = L_{cA} = L_{Ba} = L_{aB} = L_{Cb} = L_{bC} = L_{ms}\cos(\theta - 120°) \tag{4-42}$$

$$L_{Ab} = L_{bA} = L_{Bc} = L_{cB} = L_{Ca} = L_{aC} = L_{ms}\cos(\theta + 120°) \tag{4-43}$$

将上述各方程式带入式(4-33),写成矩阵形式
$$\begin{bmatrix} \boldsymbol{\Psi}_s \\ \boldsymbol{\Psi}_r \end{bmatrix} = \begin{bmatrix} \boldsymbol{L}_{ss} & \boldsymbol{L}_{sr} \\ \boldsymbol{L}_{rs} & \boldsymbol{L}_{rr} \end{bmatrix} \begin{bmatrix} \boldsymbol{i}_s \\ \boldsymbol{i}_r \end{bmatrix} \tag{4-44}$$

式中:
$$\boldsymbol{\Psi}_s = \begin{bmatrix} \psi_A & \psi_B & \psi_C \end{bmatrix}^T$$

$$\boldsymbol{\Psi}_r = \begin{bmatrix} \psi_a & \psi_b & \psi_c \end{bmatrix}^T$$

$$\boldsymbol{i}_s = \begin{bmatrix} i_A & i_B & i_C \end{bmatrix}^T$$

$$\boldsymbol{i}_{\mathrm{r}} = \begin{bmatrix} i_{\mathrm{a}} & i_{\mathrm{b}} & i_{\mathrm{c}} \end{bmatrix}^{\mathrm{T}}$$

$$\boldsymbol{L}_{\mathrm{ss}} = \begin{bmatrix} L_{\mathrm{ms}} + L_{\mathrm{ls}} & -\dfrac{1}{2}L_{\mathrm{ms}} & -\dfrac{1}{2}L_{\mathrm{ms}} \\[2mm] -\dfrac{1}{2}L_{\mathrm{ms}} & L_{\mathrm{ms}} + L_{\mathrm{ls}} & -\dfrac{1}{2}L_{\mathrm{ms}} \\[2mm] -\dfrac{1}{2}L_{\mathrm{ms}} & -\dfrac{1}{2}L_{\mathrm{ms}} & L_{\mathrm{ms}} + L_{\mathrm{ls}} \end{bmatrix} \tag{4-45}$$

$$\boldsymbol{L}_{\mathrm{rr}} = \begin{bmatrix} L_{\mathrm{ms}} + L_{\mathrm{lr}} & -\dfrac{1}{2}L_{\mathrm{ms}} & -\dfrac{1}{2}L_{\mathrm{ms}} \\[2mm] -\dfrac{1}{2}L_{\mathrm{ms}} & L_{\mathrm{ms}} + L_{\mathrm{lr}} & -\dfrac{1}{2}L_{\mathrm{ms}} \\[2mm] -\dfrac{1}{2}L_{\mathrm{ms}} & -\dfrac{1}{2}L_{\mathrm{ms}} & L_{\mathrm{ms}} + L_{\mathrm{lr}} \end{bmatrix} \tag{4-46}$$

$$\boldsymbol{L}_{\mathrm{rs}} = \boldsymbol{L}_{\mathrm{sr}}^{\mathrm{T}} = L_{\mathrm{ms}} \begin{bmatrix} \cos\theta & \cos(\theta-120°) & \cos(\theta+120°) \\ \cos(\theta+120°) & \cos\theta & \cos(\theta-120°) \\ \cos(\theta-120°) & \cos(\theta+120°) & \cos\theta \end{bmatrix} \tag{4-47}$$

$\boldsymbol{L}_{\mathrm{sr}}$ 和 $\boldsymbol{L}_{\mathrm{rs}}$ 两个分块矩阵互为转置,定转子绕组间互感随位置角 θ 变化,造成系统控制上的非线性。

3. 转矩方程

$$T_{\mathrm{e}} = n_{\mathrm{p}} L_{\mathrm{ms}} \big[(i_{\mathrm{A}} i_{\mathrm{a}} + i_{\mathrm{B}} i_{\mathrm{b}} + i_{\mathrm{C}} i_{\mathrm{c}}) \sin\theta + (i_{\mathrm{A}} i_{\mathrm{b}} + i_{\mathrm{B}} i_{\mathrm{c}} + i_{\mathrm{C}} i_{\mathrm{a}}) \sin(\theta+120°)$$
$$+ (i_{\mathrm{A}} i_{\mathrm{c}} + i_{\mathrm{B}} i_{\mathrm{a}} + i_{\mathrm{C}} i_{\mathrm{b}}) \sin(\theta-120°) \big] \tag{4-48}$$

4. 运动方程

$$T_{\mathrm{e}} = T_{\mathrm{L}} + \frac{J}{n_{\mathrm{p}}} \frac{\mathrm{d}\omega}{\mathrm{d}t} \tag{4-49}$$

式中: T_{L}——负载转矩;

$\quad J$ ——转动惯量;

$\quad n_{\mathrm{p}}$——电动机极对数;

$\quad \omega$——电角速度, $\omega = \dfrac{\mathrm{d}\theta}{\mathrm{d}t}$。

式(4-31)、式(4-33)、式(4-48)、式(4-49)构成三相异步电动机多变量非线性数学模型。输出量与输入量比值不是常数即产生非线性,由三相异步电动机动态数学模型可见,非线性耦合在电压方程、磁链方程和转矩方程中都有体现,如电压是电流和磁链的非线性函数、磁链是电流的非线性函数、转矩是电流的非线性函数。输出量包含多个变量的乘积,这是非线性的基本因素,导致了控制上的复杂性,增加了准确实现的难度。

4.3.3　坐标变换

异步电动机数学模型中有一个复杂的 6×6 阶电感矩阵,体现了磁链与电流之间的相互关系,变化的电感造成了求解的复杂性和控制上的非线性。在实际应用中,是模拟直流电动机的线性数学模型,对磁链方程做解耦变换,将变参数电感矩阵变为常数矩阵,进行电流与转矩的线性控制。进行解耦变换的基本方法是坐标变换。

回顾直流电动机的解耦控制方法。图4-28绘出了两极直流电动机的物理模型,励磁绕组 F 在定子上,电枢绕组 A 在转子上。把 F 的轴线称作直轴或 d 轴,主磁通 Φ 的方向就沿着 d 轴, A 的轴线则称为交轴或 q 轴。电枢本身是旋转的,其绕组通过电刷接在换向器上,电刷位于磁极中性线上,这样,电枢磁动势的轴线始终被电刷限定在 q 轴位置上。励磁绕组和电枢绕组互感为零,实现了励磁磁通和电枢磁通的解耦控制。主磁通由励磁电流决定,控制电枢电流就可线性控制电磁转矩。

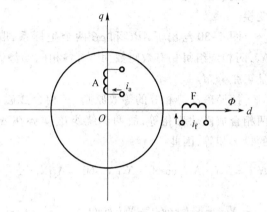

图4-28 两极直流电动机物理模型

如果能将交流电动机的物理模型等效地变换成类似直流电动机的模式,分析和控制就可以大大简化。坐标变换正是按照这条思路进行的,在这里,不同电动机模型彼此等效的原则是:在不同坐标下所产生的磁动势完全一致。

1. 三相-两相变换(3/2变换)

图4-29(a)绘出了三相对称静止绕组 A、B、C,在三相绕组中,通以三相平衡电流 i_A、i_B 和 i_C,所产生的合成磁动势是旋转磁动势 F,在空间呈正弦分布,以同步转速 ω_1(即电流角频率)旋转。但旋转磁动势并非只有三相才能产生,在任意对称的多相绕组通入平衡的多相电流,都能产生旋转磁动势,而以两相最为简单。

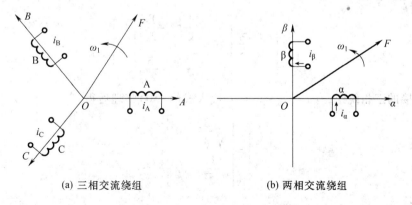

(a) 三相交流绕组　　　　　　　　　(b) 两相交流绕组

图4-29 三相和两相交流绕组磁动势

图4-29(b)绘出了两相静止绕组 α 和 β,它们在空间互差90°,通入时间上互差90°的两相

平衡交流电流,也能产生旋转磁动势 F。当图(b)与图(a)的两个旋转磁动势大小和转速都相等时,即认为图(b)两相绕组和图(a)三相绕组等效。

把从三相静止坐标系 ABC 到两相静止坐标系 $\alpha\beta$ 的变换,称为三相-两相变换,简称 3/2 变换。

图 4-30 绘出了 ABC 和 $\alpha\beta$ 两个坐标系,取 A 轴和 α 轴重合。设三相绕组每相有效匝数为 N_3,两相绕组每相有效匝数为 N_2,各相磁动势为有效匝数与电流的乘积,合成磁动势波形在空间呈正弦分布。

按照磁动势相等的等效原则,三相合成磁动势与两相合成磁动势相等,故两套绕组磁动势在 $\alpha\beta$ 轴上的投影相等,因此

$$N_2 i_\alpha = N_3 i_A - N_3 i_B \cos 60° - N_3 i_C \cos 60° = N_3 \left(i_A - \frac{1}{2} i_B - \frac{1}{2} i_C \right)$$

$$N_2 i_\beta = N_3 i_B \sin 60° - N_3 i_C \sin 60° = \frac{\sqrt{3}}{2} N_3 (i_B - i_C)$$

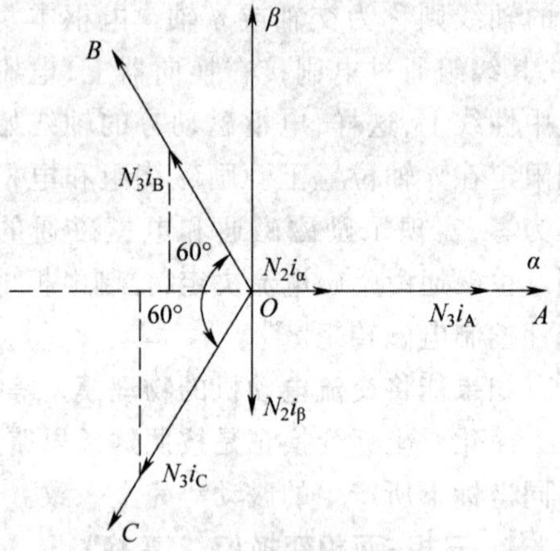

写成矩阵形式,得:

$$\begin{bmatrix} i_\alpha \\ i_\beta \end{bmatrix} = \frac{N_3}{N_2} \begin{bmatrix} 1 & -\frac{1}{2} & -\frac{1}{2} \\ 0 & \frac{\sqrt{3}}{2} & -\frac{\sqrt{3}}{2} \end{bmatrix} \begin{bmatrix} i_A \\ i_B \\ i_C \end{bmatrix} \qquad (4-50)$$

按照恒功率变换,匝数比应为:

$$\frac{N_3}{N_2} = \sqrt{\frac{2}{3}} \qquad (4-51)$$

代入上式,得:

$$\begin{bmatrix} i_\alpha \\ i_\beta \end{bmatrix} = \sqrt{\frac{2}{3}} \begin{bmatrix} 1 & -\frac{1}{2} & -\frac{1}{2} \\ 0 & \frac{\sqrt{3}}{2} & -\frac{\sqrt{3}}{2} \end{bmatrix} \begin{bmatrix} i_A \\ i_B \\ i_C \end{bmatrix} \qquad (4-52)$$

对于 Y 形连接的三相绕组,有 $i_A + i_B + i_C = 0$,代入式(4-50)整理后得:

$$\begin{bmatrix} i_\alpha \\ i_\beta \end{bmatrix} = \begin{bmatrix} \sqrt{\frac{3}{2}} & 0 \\ \frac{1}{\sqrt{2}} & \sqrt{2} \end{bmatrix} \begin{bmatrix} i_A \\ i_B \end{bmatrix} \qquad (4-53)$$

逆变换后得:

图 4-30 三相和两相绕组等效关系

$$
\begin{bmatrix} i_A \\ i_B \end{bmatrix} = \begin{bmatrix} \sqrt{\dfrac{2}{3}} & 0 \\ -\dfrac{1}{\sqrt{6}} & \dfrac{1}{\sqrt{2}} \end{bmatrix} \begin{bmatrix} i_\alpha \\ i_\beta \end{bmatrix} \tag{4-54}
$$

可以证明,电流变换矩阵也就是电压变换矩阵和磁链变换矩阵。

2. 两相静止-两相旋转变换(2s/2r 变换)

两相静止绕组 α、β,通以两相平衡交流电流,产生旋转磁动势。如果令两相绕组转起来,且旋转角速度等于合成磁动势的旋转角速度,则两相绕组通以直流电流就产生空间旋转磁动势。

图 4-31(a)绘出了两相静止绕组 α 和 β,两相交流电流 i_α、i_β。图 4-31(b)绘出了两相旋转绕组 d 和 q,两相直流电流 i_d、i_q,dq 轴以角速度 ω_1 旋转,两套绕组产生同样的旋转磁动势 F。

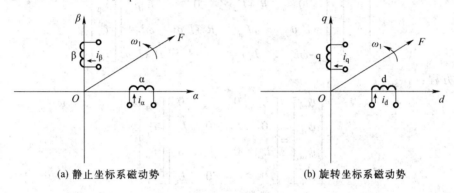

(a) 静止坐标系磁动势   (b) 旋转坐标系磁动势

图 4-31 静止和旋转坐标系磁动势

把从两相静止坐标系 $\alpha\beta$ 到两相旋转坐标系 dq 的变换称作两相静止-两相旋转变换,简称 2s-2r 变换。其中 s 表示静止,r 表示旋转。

把两个坐标系画在一起,即得到图 4-32。由于各绕组匝数相等,可以消去磁动势中的匝数,直接用电流表示。

按照磁动势相等的等效原则,由图 4-32可以得出,i_α、i_β 和 i_d、i_q 之间存在下列关系

$$i_\alpha = i_d\cos\varphi - i_q\sin\varphi$$

$$i_\beta = i_d\sin\varphi + i_q\cos\varphi$$

写成矩阵形式,得:

$$
\begin{bmatrix} i_\alpha \\ i_\beta \end{bmatrix} = \begin{bmatrix} \cos\varphi & -\sin\varphi \\ \sin\varphi & \cos\varphi \end{bmatrix} \begin{bmatrix} i_d \\ i_q \end{bmatrix} \tag{4-55}
$$

逆变换后得:

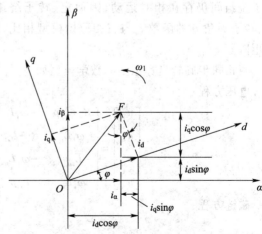

图 4-32 静止和旋转坐标系磁动势等效关系

$$\begin{bmatrix} i_{d} \\ i_{q} \end{bmatrix} = \begin{bmatrix} \cos\varphi & \sin\varphi \\ -\sin\varphi & \cos\varphi \end{bmatrix} \begin{bmatrix} i_{\alpha} \\ i_{\beta} \end{bmatrix} \tag{4-56}$$

4.3.4　异步电动机在两相坐标系上的数学模型

坐标变换的目的是简化异步电动机的数学模型,便于分析和计算。两相静止和两相同步旋转坐标系是异步电动机常用坐标系,下面给出在两种坐标系上的电动机数学模型。

两相静止坐标系上的数学模型如下。

电压方程:

$$\begin{bmatrix} u_{s\alpha} \\ u_{s\beta} \\ u_{r\alpha} \\ u_{r\beta} \end{bmatrix} = \begin{bmatrix} R_{s}+L_{s}p & 0 & L_{m}p & 0 \\ 0 & R_{s}+L_{s}p & 0 & L_{m}p \\ L_{m}p & \omega L_{m} & R_{r}+L_{r}p & \omega L_{r} \\ -\omega L_{m} & L_{m}p & -\omega L_{r} & R_{r}+L_{r}p \end{bmatrix} \begin{bmatrix} i_{s\alpha} \\ i_{s\beta} \\ i_{r\alpha} \\ i_{r\beta} \end{bmatrix} \tag{4-57}$$

磁链方程:

$$\begin{bmatrix} \psi_{s\alpha} \\ \psi_{s\beta} \\ \psi_{r\alpha} \\ \psi_{r\beta} \end{bmatrix} = \begin{bmatrix} L_{s} & 0 & L_{m} & 0 \\ 0 & L_{s} & 0 & L_{m} \\ L_{m} & 0 & L_{r} & 0 \\ 0 & L_{m} & 0 & L_{r} \end{bmatrix} \begin{bmatrix} i_{s\alpha} \\ i_{s\beta} \\ i_{r\alpha} \\ i_{r\beta} \end{bmatrix} \tag{4-58}$$

电磁转矩方程:

$$T_{e} = n_{p}L_{m}(i_{s\beta}i_{r\alpha} - i_{s\alpha}i_{r\beta}) \tag{4-59}$$

在两相静止坐标系,消除了定子三相绕组、转子三相绕组间的相互耦合。但定子绕组与转子绕组间仍存在相对运动,因而定、转子绕组互感仍是非线性的变参数阵,输出转矩仍是定、转子夹角 θ 的函数。与三相原始模型相比,减小了状态变量维数,简化了定子和转子的自感矩阵。

两相同步旋转坐标系上的数学模型如下。

电压方程:

$$\begin{bmatrix} u_{sd} \\ u_{sq} \\ u_{rd} \\ u_{rq} \end{bmatrix} = \begin{bmatrix} R_{s}+L_{s}p & -\omega_{1}L_{s} & L_{m}p & -\omega_{1}L_{m} \\ \omega_{1}L_{s} & R_{s}+L_{s}p & \omega_{1}L_{m} & L_{m}p \\ L_{m}p & -\omega_{1}L_{m} & R_{r}+L_{r}p & -\omega_{s}L_{r} \\ \omega_{s}L_{m} & L_{m}p & \omega_{s}L_{r} & R_{r}+L_{r}p \end{bmatrix} \begin{bmatrix} i_{sd} \\ i_{sq} \\ i_{rd} \\ i_{rq} \end{bmatrix} \tag{4-60}$$

磁链方程:

$$\begin{bmatrix} \psi_{sd} \\ \psi_{sq} \\ \psi_{rd} \\ \psi_{rq} \end{bmatrix} = \begin{bmatrix} L_s & 0 & L_m & 0 \\ 0 & L_s & 0 & L_m \\ L_m & 0 & L_r & 0 \\ 0 & L_m & 0 & L_r \end{bmatrix} \begin{bmatrix} i_{sd} \\ i_{sq} \\ i_{rd} \\ i_{rq} \end{bmatrix} \tag{4-61}$$

电磁转矩方程：

$$T_e = n_p L_m (i_{sq} i_{rd} - i_{sd} i_{rq}) \tag{4-62}$$

两相同步旋转坐标系下，定转子电流变为直流，电感矩阵变为常数阵，异步电动机数学模型得到简化，以便模拟直流电动机进行控制。

4.3.5 按转子磁链定向的矢量控制系统

通过坐标变换和按转子磁链定向，可以得到等效的直流电动机模型，在按转子磁链定向坐标系中，用直流电动机的控制方法控制电磁转矩和磁链，然后将转子磁链定向坐标系中的控制量经逆变换得到三相坐标系的对应量，以实施控制。目前应用最多的方案是按转子磁链定向的矢量控制系统。

1. 矢量控制系统的基本思路

在三相坐标系上的定子交流电流 i_A、i_B、i_C 通过三相-两相变换可以等效成两相静止坐标系上的交流电流 $i_{s\alpha}$ 和 $i_{s\beta}$，再通过同步旋转变换，可以等效成同步旋转坐标系上的直流电流 i_d 和 i_q。如果把 d 轴定位于 Φ_r 的方向上，称作 M 轴，把 q 轴称作 T 轴，则 M 绕组相当于直流电动机的励磁绕组，i_{sm} 相当于励磁电流，i_{st} 相当于与转矩成正比的电枢电流。

把上述等效关系用结构图形式画出来，得到图 4-33。从整体上看，输入为 A、B、C 三相电压，输出为转速 ω，是一台异步电动机。从内部看，经过 3/2 变换和同步旋转变换，变成一台由 i_{sm} 和 i_{st} 输入，由 ω 输出的直流电动机。

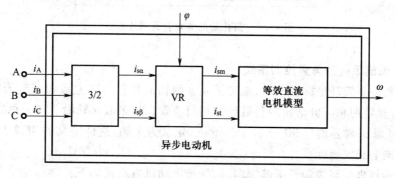

图 4-33 异步电动机坐标变换结构图

通过坐标变换实现的控制系统就叫做矢量控制系统(Vector Control System)，简称 VC 系统，VC 系统的原理结构如图 4-34 所示。

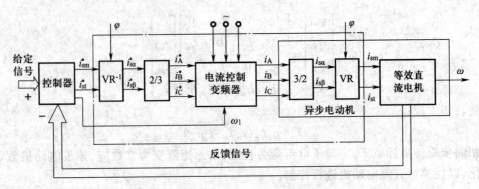

图 4-34　矢量控制系统原理结构图

图中给定和反馈信号经过类似于直流调速系统所用的控制器,产生励磁电流的给定信号 i_{sm}^* 和电枢电流的给定信号 i_{st}^*,经过反旋转变换 VR^{-1} 得到 $i_{s\alpha}^*$ 和 $i_{s\beta}^*$,再经过 2/3 变换得到 i_A^*、i_B^* 和 i_C^*。把这三个电流控制信号和由控制器得到的频率信号 ω_1 加到电流控制器的变频器上,即可输出异步电动机调速所需的三相变频电流。

忽略变频器产生的滞后,并认为在控制器后面的反旋转变换器 VR^{-1} 与电动机内部的旋转变换环节 VR 相抵消,2/3 变换与电动机内部的 3/2 变换环节相抵消,则图 4-34 中虚线框内的部分可以删去,而把输入和输出信号直接连接起来,得到等效的直流调速系统,如图 4-35 所示。

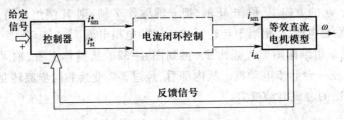

图 4-35　简化后的等效直流调速系统

2. 按转子磁链定向的矢量控制系统

在分析两相同步旋转坐标变换时,规定了 d、q 两轴的相互垂直关系和与定子频率同步的旋转速度,并没有规定两轴与电动机旋转磁场的相对位置。如果取 d 轴沿着转子总磁链矢量 ψ_r 的方向,定义为 M 轴,q 轴逆时针 90° 垂直于矢量 ψ_r,定义为 T 轴,这样定义的 M、T 坐标系,即称为按转子磁链定向的旋转坐标系。

两相同步旋转坐标系按转子磁链定向时,异步电动机方程式如下:

磁链方程:

$$\psi_r = \frac{L_m}{T_r p + 1} i_{sm} \tag{4-63}$$

转矩方程:

$$T_e = \frac{n_p L_m}{L_r} i_{st} \psi_r \qquad (4-64)$$

运动方程:

$$T_e - T_L = \frac{J}{n_p} \frac{d\omega}{dt} \qquad (4-65)$$

式中 T_r 为电磁时间常数。式(4-63)、式(4-64)、式(4-65)构成矢量控制基本方程式,按照这组基本方程式可将异步电动机数学模型描绘成图4-36的结构形式。由图可见,图4-36中的等效直流电动机模型被分成 ω 和 ψ_r 两个系统,式(4-63)表明,转子磁链 ψ_r 仅由定子电流励磁分量 i_{sm} 产生,式(4-64)表明,转矩同时受 i_{st} 和 ψ_r 的影响。

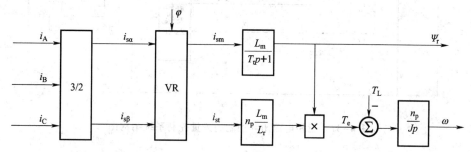

图4-36 异步电动机矢量变换与电流解耦数学模型

3. 按转子磁链定向矢量控制系统的电流闭环控制方式

常用的电流闭环控制有两种方法:① 将定子电流两个分量的给定值 i_{sm}^* 和 i_{st}^* 进行变换,得到三相电流给定值 i_A^*、i_B^* 和 i_C^*,采用电流滞环控制型 PWM 变频器,在三相定子坐标系中完成电流闭环控制,如图4-37所示;② 将检测到的三相电流(实际是检测两相)做 3/2 变换和旋转变换,得到 MT 坐标系中的电流 i_{sm} 和 i_{st},采用 PI 调节软件构成电流闭环控制,电流调节器的输出为定子电压给定值 u_{sm}^* 和 u_{st}^*,经过反旋转变换得到静止两相坐标系的定子电压给定值 $u_{s\alpha}^*$ 和 $u_{s\beta}^*$,再经 SVPWM 控制逆变器输出三相电压,如图4-38所示。

在图4-37和图4-38中,ASR 为转速调节器,AΨR 为转子磁链调节器,ACMR 为定子电流励磁分量调节器,ACTR 为定子电流转矩分量调节器,FBS 为转速传感器。对转子磁链和转速而言,均表示为双闭环控制的系统结构,内环为电流环,外环为转子磁链或转速环。转子磁链给定 Ψ_r^* 与实际转速有关,在额定转速以下,保持恒定,额定转速以上,转子磁链给定相应减小。若采用转子磁链开环控制,则去掉转子磁链调节器 AΨR,仅采用励磁电流闭环控制。

4. 异步电动机矢量控制系统仿真

采用 MATLAB7.5 仿真软件 Simulink \ Power Electronics Models \ Vector Control of AC Motor Drive 仿真实例。仿真模型如图4-39,采用图4-38电流闭环控制结构,并做了部分修改。系统主要由异步电动机模块、矢量控制模块、IGBT 逆变器模块、示波器模块、转速给定和负载转矩

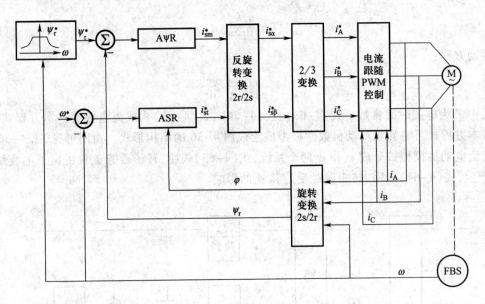

图 4-37   三相电流闭环控制的矢量控制系统结构图

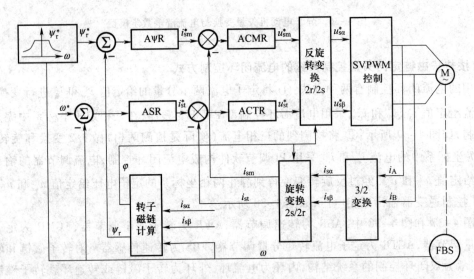

图 4-38   定子电流励磁分量和转矩分量闭环控制的矢量控制系统结构图

组成。

仿真模型中异步电动机参数如表 4-1 所示。

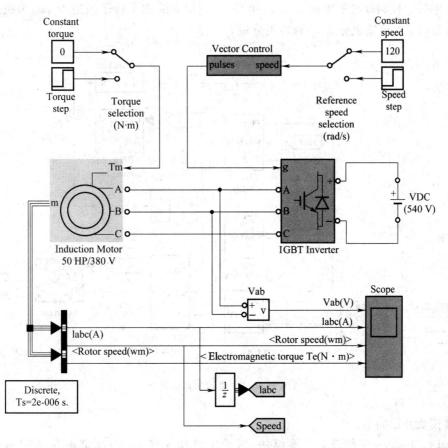

图 4-39 矢量控制系统仿真模型

表 4-1 仿真模型异步电动机参数

名　　称	数　　值
额定容量	37.3 kVA
线电压	380 V
频率	50 Hz
定子电阻	0.087 Ω
定子漏感	0.8×10^{-3} H
转子电阻	0.228 Ω
转子漏感	0.8×10^{-3} H
互感	34.7×10^{-3} H
极对数	2

　　模型中矢量控制算法子系统如图 4–40 所示，图中 Phir 表示转子磁链 $\boldsymbol{\varPsi}_r$，ω_m 为机械角速度，i_d、i_q 分别为定子电流励磁分量 i_{sm} 和转矩分量 i_{st}。

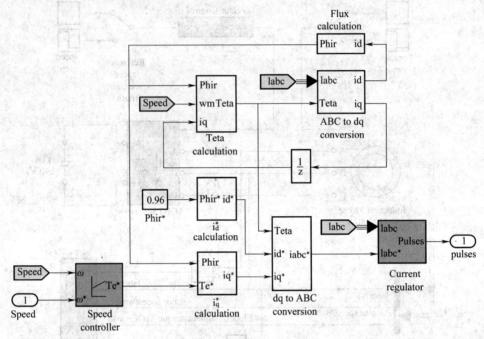

图 4–40　矢量控制算法模型

　　主要模块介绍如下：

　　Speed controller——转速调节器模块，对给定电角速度 ω^* 与反馈电角速度 ω 差值做 PI 运算。

　　i_q^* calculation——电流转矩分量计算模块，采用的计算公式为：

$$i_{st} = \frac{L_r}{n_p L_m \psi_r} T_e$$

　　i_d^* calculation——电流励磁分量计算模块，采用的计算公式为：

$$i_{sm} = \frac{\psi_r}{L_m}$$

　　比较式 $i_{sm} = \dfrac{T_r p + 1}{L_m} \psi_r$，忽略了微分环节 $T_r p$，采用 i_{sm} 稳态值。

　　Teta calculation—转子磁链位置角 ϕ 计算模块，采用的计算公式为：

$$\omega_s = \frac{L_m i_{st}}{T_r \psi_r}$$

$$\varphi = \frac{\omega + \omega_s}{p}$$

式中：　　　　　ω_s——转差角速度；

　　$\omega+\omega_s=\omega_1$——定子角速度，其积分为磁链位置角。

ABC to dq conversion——三相静止到两相旋转坐标变换模块。

dq to ABC conversion——两相旋转到三相静止坐标变换模块。

　　Flux calculation——转子磁链计算模块，采用的计算公式为：

$$\psi_r=\frac{L_m}{T_r p+1}i_{sm}$$

　　Current regulator——电流滞环控制模块，使定子三相电流跟随给定。

　　系统采用了磁链给定常值，转速闭环控制，矢量控制算法，电流滞环控制。

　　采用系统默认仿真参数设置，为 discrete 求解器、Fixed-step 类型，离散时间 2×10^{-6}，系统仿真时间 3 s。矢量控制系统给定转子机械角转速 120 rad/s，空载起动，仿真结果如图 4-41，分别

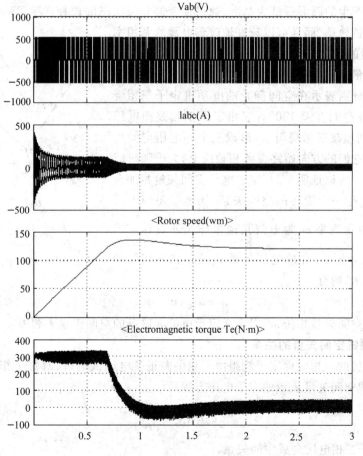

图 4-41　系统仿真结果

是电动机线电压、电动机三相电流、转子角速度和电磁转矩。仿真可见,当转子转速低于给定值时转速调节器输出转矩饱和值,转速以最短时间上升,当转速等于给定值时转速调节器输出转矩开始退饱和,因输出转矩大于零,因此有转速超调过程,直至稳定到给定值。从定子电流、转子角速度和电磁转矩看,异步电动机起动过程类似于直流电机的双闭环起动,说明了异步电动机矢量控制达到了类似直流电机控制的效果。

4.3.6 电压空间矢量 PWM(SVPWM)技术

电动机变频调速采用 SPWM 获得的正弦的三相电压波形,虽然定子三相绕组电压按照等面积法则满足正弦对称条件,但是由于逆变器电压实际上仍然是脉冲电压,三相绕组中电流的谐波分量多,而且最主要的不足是电源的利用率较低,大约等于 86%。从电机学的原理来看,电动机输入三相正弦电压的最终目的是在空间产生圆形的旋转磁场,从而产生恒定的电磁转矩。

电压空间矢量调制(SVPWM,Space Vector PWM)技术在电压源逆变器供电的情况下,以三相对称正弦电压产生的圆形磁链为基准,通过逆变器开关状态的选择产生 PWM 波形,使得实际磁链逼近圆形磁链轨迹,而且可以较好地改善电源的利用率。

1. 空间矢量的定义

电压空间矢量按照电压所在绕组的空间位置定义,在图 4-42 中,A、B、C 分别表示在空间静止的电动机定子三相绕组的轴线,它们在空间互差 120°。三相定子正弦波相电压 U_{AO}、U_{BO}、U_{CO} 分别加在三相绕组上,形成三个相电压空间矢量 u_{AO}、u_{BO}、u_{CO},它们的方向始终在各轴线上,大小随时间按正弦规律变化。可以证明,三相定子电压空间矢量相加合成的空间矢量 u_s 是一个旋转的空间矢量,幅值是每相电压值的 $\frac{3}{2}$ 倍,以电源角频率 ω_1 为电气角速度作恒速旋转。当某一相电压为最大值时,合成电压矢量 u_s 就落在该相的轴线上。用公式表示,则有

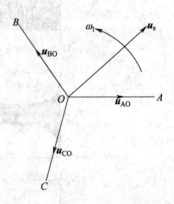

图 4-42 电压空间矢量

$$u_s = u_{AO} + u_{BO} + u_{CO} \tag{4-66}$$

与定子电压空间矢量相仿,可以定义定子电流和磁链的空间矢量 I_s 和 Ψ_s。

2. 电压与磁链空间矢量的关系

当异步电动机的三相对称定子绕组由三相平衡正弦电压供电时,对每一相电压平衡方程式相加,得到用合成空间矢量表示的定子电压方程式

$$u_s = R_s i_s + \frac{d\Psi_s}{dt} \tag{4-67}$$

式中:u_s——定子三相电压合成空间矢量;

i_s——定子三相电流合成空间矢量;

$\boldsymbol{\varPsi}_s$——定子三相磁链合成空间矢量。

当电动机转速不是很低时,忽略定子电阻压降,则定子合成电压与合成磁链空间矢量的近似关系为

$$u_s \approx \frac{\mathrm{d}\boldsymbol{\varPsi}_s}{\mathrm{d}t} \tag{4-68}$$

或

$$\boldsymbol{\varPsi}_s \approx \int u_s \mathrm{d}t \tag{4-69}$$

当电动机由三相平衡正弦电压供电时,定子磁链空间矢量幅值恒定,以恒速旋转,磁链矢量顶端的运动轨迹呈圆形(一般简称为磁链圆)。定子磁链旋转矢量可用下式表示:

$$\boldsymbol{\varPsi}_s = \varPsi_m \mathrm{e}^{\mathrm{j}\omega_1 t} \tag{4-70}$$

其中,$\varPsi_m$是磁链 $\boldsymbol{\varPsi}_s$的幅值,ω_1为其旋转角速度。

由式(4-68)和式(4-70)可得

$$u_s \approx \frac{\mathrm{d}}{\mathrm{d}t}(\varPsi_m \mathrm{e}^{\mathrm{j}\omega_1 t}) = \mathrm{j}\omega_1 \varPsi_m \mathrm{e}^{\mathrm{j}\omega_1 t} = \omega_1 \varPsi_m \mathrm{e}^{\mathrm{j}\left(\omega_1 t + \frac{\pi}{2}\right)} \tag{4-71}$$

式(4-71)表明,当磁链幅值 $\varPsi_m$一定时,u_s的大小与 ω_1(或供电电压频率 f_1)成正比,其方向则与磁链矢量 $\boldsymbol{\varPsi}_s$正交,即磁链圆的切线方向,如图4-43所示。当磁链矢量在空间旋转一周时,电压矢量也连续地按磁链圆的切线方向运动 2π弧度,其轨迹与磁链圆重合。这样,电动机旋转磁场的轨迹问题就可转化为电压空间矢量的运动轨迹问题。

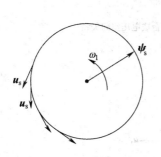

图4-43　电压空间矢量与旋转磁链轨迹

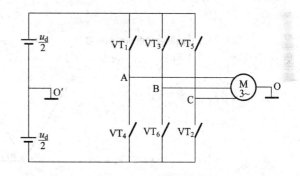

图4-44　三相电压型逆变器

3. 基本电压空间矢量

图4-44所示是电压型PWM逆变器,利用逆变器功率开关管的开关状态和顺序组合以及开关时间的调整,以保证电压空间矢量圆形运行轨迹为目的,就可以产生谐波较少且直流电源电压利用率较高的输出。

图中逆变器采用上、下管换流,共有8种工作状态,把上桥臂器件导通用数字"1"表示,下桥臂器件导通用数字"0"表示,则8种工作状态可表示为 **100**、**110**、**010**、**011**、**001**、**101** 以及 **111** 和 **000**。前6种工作状态有效,后2个状态无效,此时逆变器没有输出电压。

　　以工作状态 **100** 为例,这时 VT_6、VT_1、VT_2 导通,电动机定子 A 点电位为正,B 和 C 点为负,它们对直流电源中点 O′的电压都是幅值为 $|U_d/2|$ 的直流电压,相位分别处于 A、B、C 三根轴线上。由图 4-45(a)可知,三相的合成矢量为 u_1,幅值等于 U_d,方向沿 A 轴。同理,工作状态 **110** 合成电压空间矢量为 u_2,在空间上滞后于 u_1 的相位为 $\pi/3$ 弧度,如图 4-45(b)。依此类推,工作状态 **010**、**011**、**001** 和 **101** 对应的空间矢量分别为 u_3、u_4、u_5 和 u_6,**111** 和 **000** 两个无效工作状态定义为 u_7 和 u_0。在三相 *ABC* 坐标系合成的基本电压矢量幅值是 U_d,从三相静止 *ABC* 到两相静止 $\alpha\beta$ 坐标系,采用恒功率变换后的基本电压矢量幅值是 $\sqrt{\dfrac{2}{3}}U_d$,基本电压空间矢量分布如图 4-45(c)。

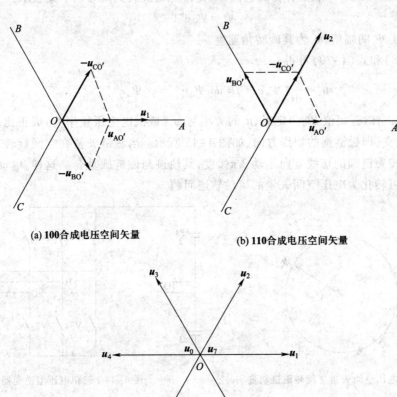

(a) 100合成电压空间矢量　　　　　　　　(b) 110合成电压空间矢量

(c) 基本电压空间矢量

图 4-45　基本电压空间矢量合成

4. 正六边形空间磁链轨迹

　　磁链矢量在空间旋转一周运动 2π 弧度,在每个周期中 6 种有效工作状态各出现一次。设在逆变器工作开始时定子磁链空间矢量为 ψ_1，在第一个 $\pi/3$ 期间，电动机上施加的电压空间矢量为图 4-45(c) 中的 u_1，把它们再画在图 4-46 中。按照式(4-68)可以写成

$$u_1 \Delta t = \Delta \boldsymbol{\Psi}_1 \qquad (4-72)$$

在 $\pi/3$ 所对应的时间 Δt 内，施加 u_1 的结果是使定子磁链 ψ_1 产生一个增量 $\Delta \psi$，其幅值与 $|u_1|$ 成正比，方向与 u_1 一致，最后得到图 4-46 所示的新的磁链，而

$$\psi_2 = \psi_1 + \Delta \psi_1 \qquad (4-73)$$

依此类推，可以写成 $\Delta \psi$ 的通式

$$u_i \Delta t = \Delta \boldsymbol{\Psi}_i, i = 1, 2, \cdots\cdots 6 \qquad (4-74)$$

$$\psi_{i+1} = \psi_i + \Delta \psi_i \qquad (4-75)$$

在一个周期内，6 个磁链空间矢量呈放射状，矢量的尾部都在 O 点，其顶端的运动轨迹也就是 6 个电压空间矢量所围成的正六边形。

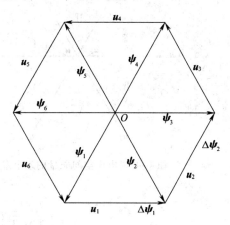

图 4-46　电压空间矢量与磁链矢量的关系

　　$\pi/3$ 所对应的 Δt 时间产生 $\Delta \psi_i$ 磁链增量，在有效电压工作矢量作用下，磁链增量是一个定值。根据变压变频的基本原理，若频率下降、Δt 增大，则磁链幅值相应减小、磁链增量减小，那么，如何满足 Δt 增大而磁链增量减小呢？有效的方法是插入零矢量，由式(4-72)可知，当零矢量 $u_s = 0$ 作用时，定子磁链矢量的增量 $\Delta \psi_s = 0$，表明 ψ_s 停留不动，从而控制了磁链增量以及磁链幅值。

5. 期望电压空间矢量的合成

　　每个有效工作矢量在一个周期内只作用一次的方式只能生成正六边形的旋转磁场，与在正弦波供电时所产生的圆形旋转磁场相差甚远，六边形旋转磁场带有较大的谐波分量，这将导致转矩与转速的脉动。要获得更多边形或接近圆形的旋转磁场，就必须有更多的空间位置不同的电压空间矢量以供选择。按空间矢量的平行四边形合成法则，用相邻的两个有效工作矢量合成期望的输出矢量，这就是电压空间矢量 PWM(SVPWM) 的基本思想。

　　按六个有效工作矢量将电压空间矢量分为对称的六个扇区，如图 4-47 所示，每个扇区对应 $\pi/3$，当期望输出电压矢量落在某个扇区内时，就用与期望输出电压矢量相邻的两个有效工作矢量等效地合成期望输出矢量。所谓等效是指在一个开关周期内，产生的定子磁链的增量近似相等。

　　以在第 I 扇区内的期望输出矢量为例，图 4-48 表示由基本电压空间矢量 u_1 和 u_2 的线性组合构成期望的电压矢量 u_s，θ 为期望输出电压矢量与扇区起始边的夹角。

　　在一个开关周期 T_0 中，u_1 的作用时间 t_1，u_2 的作用时间 t_2，按矢量合成法则可得：

$$u_s = \frac{t_1}{T_0} u_1 + \frac{t_2}{T_0} u_2 = \frac{t_1}{T_0} \sqrt{\frac{2}{3}} U_d + \frac{t_2}{T_0} \sqrt{\frac{2}{3}} U_d e^{j\frac{\pi}{3}} \qquad (4-76)$$

由正弦定理可得：

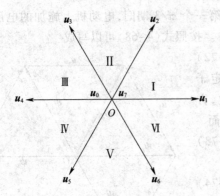

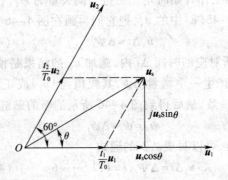

图 4-47   电压空间矢量的六个扇区   图 4-48   期望输出电压矢量的合成

$$\frac{\dfrac{t_1}{T_0}\sqrt{\dfrac{2}{3}}U_d}{\sin\left(\dfrac{\pi}{3}-\theta\right)}=\frac{\dfrac{t_2}{T_0}\sqrt{\dfrac{2}{3}}U_d}{\sin\theta}=\frac{u_s}{\sin\dfrac{2\pi}{3}} \tag{4-77}$$

由式(4-77)解得：

$$t_1=\frac{\sqrt{2}\,u_s T_0}{U_d}\sin\left(\frac{\pi}{3}-\theta\right) \tag{4-78}$$

$$t_2=\frac{\sqrt{2}\,u_s T_0}{U_d}\sin\theta \tag{4-79}$$

一般来说 $t_1+t_2<T_0$，其余时间可用零矢量 u_0 和 u_7 来填补。
零矢量的作用时间为：

$$t_0=T_0-t_1-t_2 \tag{4-80}$$

两个基本矢量作用时间之和应满足

$$\frac{t_1+t_2}{T_0}=\frac{\sqrt{2}\,u_s}{U_d}\left[\sin\left(\frac{\pi}{3}-\theta\right)+\sin\theta\right]=\frac{\sqrt{2}\,u_s}{U_d}\cos\left(\frac{\pi}{6}-\theta\right)\leqslant 1 \tag{4-81}$$

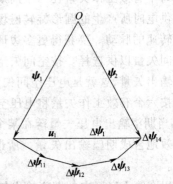

以电压矢量 u_1 为例，如果每个周期只切换 6 次，磁链增量
为 $\Delta\psi_1$，磁链轨迹呈六边形，通过增加切换次数、选择期望
合成电压矢量可以使磁链轨迹逼近圆形，如图 4-49 所示，
磁链增量由原来的 $\Delta\psi_1$ 变换为由 $\Delta\psi_{11}$、$\Delta\psi_{12}$、$\Delta\psi_{13}$、$\Delta\psi_{14}$ 四段组成。

图 4-49   逼近圆形时的磁链增量轨迹

变频器常用的开关频率是 8 kHz，即每 125 μs 一个开关周期，通过施加与转子磁链正交的电
压矢量，就能得到近似圆形的磁链轨迹。图 4-50 是采用 SVPWM 的逆变器单相输出电压波形，
为马鞍形波，与正弦形电压相比有三次谐波注入的效果，能够提高直流母线电压利用率达 15%。
图 4-51 是采用 SVPWM 的电机定子磁链轨迹波形，通过在每个开关周期内的矢量合成，能够产

生接近圆形的定子磁链轨迹。

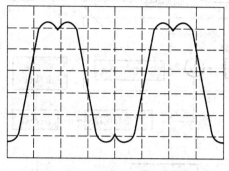

图 4-50 单相输出电压波形

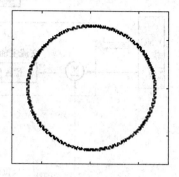

图 4-51 磁链轨迹波形

4.3.7 电主轴矢量变频控制工程设计

1. 系统构成

适配电动机功率 7.5 kW 的主轴驱动系统,用于加工中心数控铣床。实现功能:主轴模拟速度控制、准停(刀库定位)、刚性攻丝、恒功率加速。

异步电动机电主轴控制系统主要完成闭环速度控制,但当数控主轴需实现准停功能时,则要求完成闭环位置控制,因此异步电动机电主轴驱动采用内置有机床专用功能的高性能矢量控制变频器,变频器包括位置控制环节和主轴驱动单元,实际应用中速度环的矢量控制和 SVPWM 在驱动单元中实现。表 4-2 为变频器选型的基本参数。系统构成原理框图如图 4-52 所示,系统由 CNC、交流主轴控制变频器、主轴异步电动机、检测主轴速度与位置的编码器组成,编码器一般采用差分增量式编码器。

表 4-2 驱动器选型

适配电动机	功率 7.5 kW、额定电压 380 V
驱动器额定输出容量/kVA	11
驱动器额定输出电流/A	17
驱动器最大输出电压/V	三相:380
驱动器输出频率范围	0 ~ 500 Hz
转矩特性	电动机基频以下 200% 额定转矩
转矩限幅	0 ~ 200% 电动机额定转矩
转矩精度	±5%
速度控制精度	±0.1%
加减速加速度控制	可在 0.05 ~ 3 000 Hz/s 选择

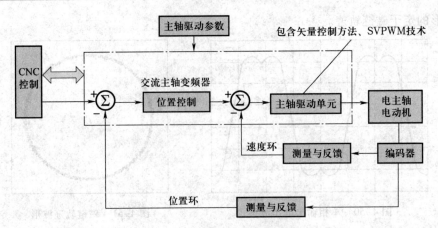

图 4-52　电主轴控制系统原理框图

2. 变频器参数设置

变频器应用时首先要进行功能和参数设置,根据机械传动情况、电路硬件连接及运行功能要求,功能和参数设置主要包括控制方式、电动机参数以及位置速度控制参数设定等。

控制方式:采用 SVPWM 数字方式矢量控制(带 PG)。

电动机参数设置:由于矢量控制是着眼于转子磁通来控制电动机的定子电流,因此在其内部的算法中大量涉及电动机参数。异步电动机除了常规的参数设置如极对数、额定电压、额定功率、额定电流、额定转速、编码器分辨率外,从异步电动机的 T 型等效电路中可以看出,还有定转子电阻、漏感抗、互感抗和空载电流等。电动机参数可以通过主轴控制系统界面输入,但电阻、感抗和空载电流在运行时并非是绝对常量,目前,新型矢量控制通用变频器已经具备异步电动机参数自动检测、自动辨识、自适应功能,带有这种功能的通用变频器,在驱动异步电动机进行正常运转之前,可以自动地对异步电动机的参数进行辨识,并根据辨识结果,调整控制算法中的有关参数,从而对异步电动机进行有效的矢量控制。

位置速度控制参数设定:位置速度控制参数设定包括速度环比例积分增益、位置增益、加减速时间常数、速度极限等。

频率给定方式:变频器常见的频率给定方式主要有面板给定、接点信号给定、模拟信号给定、脉冲信号给定和通讯方式给定等。在有上位机情况下,一般采用模拟信号给定或通讯方式给定。模拟信号即通过变频器的模拟量端子从外部输入模拟量信号(电流或电压)进行给定,并通过改变模拟量的大小来改变变频器的输出频率。

工作模式:由于需要准停功能,选择为伺服模式。

3. 控制接线图

图 4-53 是根据控制要求,主轴控制变频器的典型接线图,图中标出了与数控机床(CNC)的连接信号。

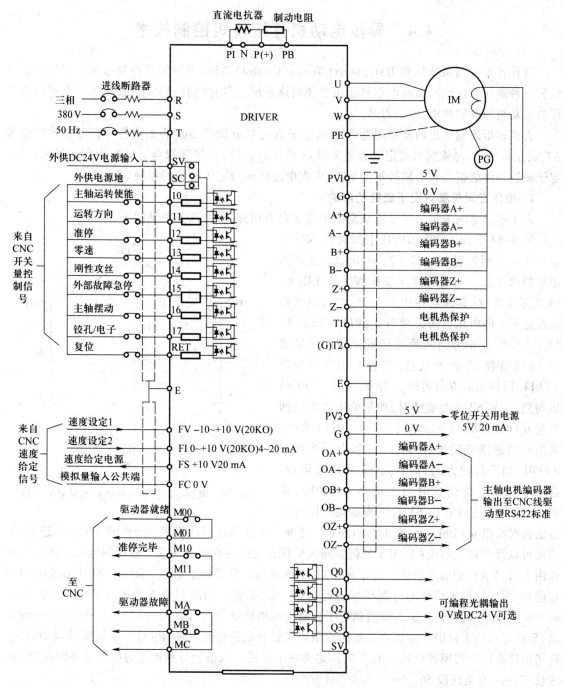

图 4-53 主轴控制变频器典型接线

4.4 异步电动机直接转矩控制技术

　　直接转矩控制系统简称 DTC(Direct Torque Control)系统,是继矢量控制系统之后发展起来的另一种高动态性能的交流电动机变压变频调速系统。在它的转速环里面,利用转矩反馈直接控制电动机的电磁转矩,因而得名。

　　直流转矩控制系统的基本思想是根据定子磁链幅值偏差 $\Delta\psi_s$ 的正负符号和电磁转矩偏差 ΔT_e 的正负符号,再依据当前定子磁链矢量 ψ_s 所在的位置,直接选取合适的电压空间矢量,减少定子磁链幅值的偏差和电磁转矩的偏差,实现电磁转矩与定子磁链的控制。

1. 电压空间矢量对定子磁链的影响

　　定子磁链空间矢量与定子电压空间矢量之间为积分关系,该关系见图 4-54。

　　图 4-54 中,$u_s(t)$ 表示电压空间矢量,$\Psi_s(t)$ 表示磁链空间矢量,S1、S2、S3、S4、S5、S6 是正六边形的六条边。当磁链空间矢量 $\Psi_s(t)$ 在图 4-54 所示位置时(其顶点在边 S1 上),如果逆变器加在定子上的电压空间矢量为 $u_s(011)$(如图 4-54 所示,在-α 轴方向),则定子磁链空间矢量的顶点,将沿着 S1 边的轨迹,朝着电压空间矢量 $u_s(011)$ 所作用的方向运动。当 $\Psi_s(t)$ 沿着边 S1 运动到 S1 和 S2 的交点 J 时,如果给出电压空间矢量 $u_s(001)$(它与电压空间矢量 $u_s(011)$ 成 60° 夹角),则磁链空间矢量 $\Psi_s(t)$ 的顶点会按照与 $u_s(001)$ 相平行的方向,沿着边 S2 的轨迹运动。若在 S2 和 S3 的交点时给出电压 $u_s(101)$,则 $\Psi_s(t)$ 的顶点将沿着边 S3 的轨迹运动。同样的

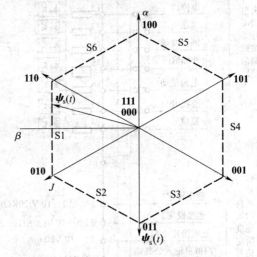

图 4-54 电压空间矢量与磁链空间矢量的关系

方法依次给出 $u_s(100)$、$u_s(110)$、$u_s(010)$,则 $\Psi_s(t)$ 的顶点依次沿着边 S4、S5、S6 的轨迹运动。至此可以得到以下结论:① 定子磁链空间矢量顶点的运动和轨迹对应于相应的电压空间矢量的作用方向,$\Psi_s(t)$ 的运动轨迹平行于 $u_s(t)$ 指示的方向。只要定子电阻压降 $|i_s(t)R_s|$ 比起 $|u_s(t)|$ 足够小,那么这种平行就能得到很好的近似值。② 在适当的时刻依次给出定子电压空间矢量 u_{s1}—u_{s2}—u_{s3}—u_{s4}—u_{s5}—u_{s6},则得到定子磁链的运动轨迹依次沿着 S1—S2—S3—S4—S5—S6 运动,形成正六边形磁链。③正六边形的六条边代表着磁链空间矢量 $\Psi_s(t)$ 一个周期的运动轨迹。每条边代表一个周期磁链轨迹的 1/6,称之为一个区段。六条边分别称之为磁链轨迹的区段 S1、区段 S2……直至区段 S6。

　　直接利用逆变器的六种工作开关状态,得到六边形的磁链轨迹以控制电机,这是 DTC 控制的基本思想。

2. 电压空间矢量的正确选择

异步电动机转矩的大小与定子磁链幅值、转子磁链幅值以及两者之间的夹角磁通角 $\theta(t)$ 的乘积成正比。在实际运行中,保持定子磁链幅值为额定值,以充分利用电动机铁心,转子磁链幅值由负载决定,要改变电动机转矩的大小,可以通过改变磁通角 $\theta(t)$ 的大小来实现。在直接转矩的控制技术中,其基本控制方法就是通过电压空间矢量 $u_s(t)$ 来控制定子磁链的旋转速度,控制定子磁链走走停停,以改变定子磁链的平均旋转速度 $\overline{\omega}_s$ 的大小,从而改变磁通角 θ 的大小,以达到控制电动机转矩的目的,见图 4-55。

t_1 时刻的定子磁链 $\boldsymbol{\Psi}_s(t_1)$ 和转子磁链 $\boldsymbol{\Psi}_r(t_1)$ 以及磁通角 $\theta(t_1)$ 的位置见图 4-55,从 t_1 时刻运行到 t_2 时刻,若此时给出的定子电压空间矢量为 $u_s(t) = u_s(110)$,则定子磁链空间矢量由 $\boldsymbol{\Psi}_s(t_1)$ 的位置旋转到 $\boldsymbol{\Psi}_s(t_2)$ 的位置,其运动轨迹 $\Delta\boldsymbol{\Psi}_s(t)$ 沿着区段 S5,与 $u_s(110)$ 的指向平行。这个期间转子磁链不直接跟随超前于它的定子磁链,转子磁链的位置变化实际上受该期间定子频率的平均值 $\overline{\omega}_s$ 的影响。因此在时刻 t_1 到时刻 t_2 这段时间里,定子磁链旋转速度大于转子磁链旋转速度,磁通角 $\theta(t)$ 加大,由 $\theta(t_1)$ 变为 $\theta(t_2)$,相应地转矩增大。

如果在 t_2 时刻,给出零电压空间矢量,则定子磁链空间矢量 $\boldsymbol{\Psi}_s(t_2)$ 保持在 t_2 时刻的位置静止不动,而转子磁链空间矢量却继续以 $\overline{\omega}_s$ 的速度旋转,则磁通角减小,从而使转矩减小。通过转矩两点式调节来控制电压空间矢量的工作状态和零状态的交替出现,就能控制定子磁链空间矢量的平均速度 $\overline{\omega}_s$ 的大小,通过这样的瞬态调节就能获得高动态性能的转矩特性。

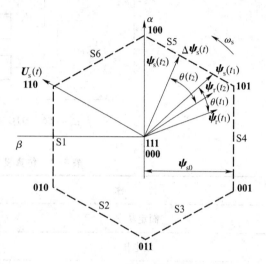

图 4-55 电压空间矢量对电动机转矩的影响

3. 控制系统与仿真

直接转矩控制系统结构如图 4-56 所示,包括转速外环、转矩内环和定子磁链内环,转速调节器 ASR 的输出作为转矩的给定信号 T_e^*,转矩环和磁链环采用砰-砰控制,类似于滞环控制,根据定子磁链所处扇区和期望电磁转矩的极性、选择合理的电压空间矢量。图中,定子磁链模型和转矩模型在两相静止坐标系内计算。

采用图 4-56 的系统结构建立仿真模型,电机参数如表 4-3。

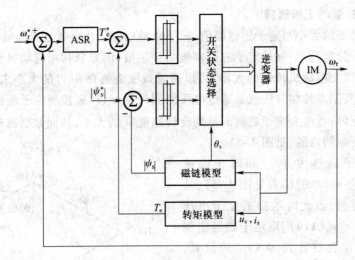

图 4-56   DTC 基本结构原理框图

表 4-3   仿真模型异步电动机参数

名 称	数 值
额定功率	1 500 W
线电压	380 V
频率	50 Hz
定子电阻	4.1 Ω
定子电感	0.38 H
转子电阻	3.9 Ω
转子电感	0.38 H
互感	0.36 H
极对数	2

　　仿真结果如图 4-57 所示,图 4-57(a)为定子磁链波形,为正六边形,图(b)为电磁转矩波形,稳态时存在明显的转矩脉动。与矢量控制的圆形磁链轨迹相比,直接转矩控制的正六边形磁链轨迹会产生较大的转矩脉动和谐波损耗,并限制了电机的低速性能。因此,提高低速性能、抑制转矩脉动成为改进原始的直接转矩控制系统的主要方向。

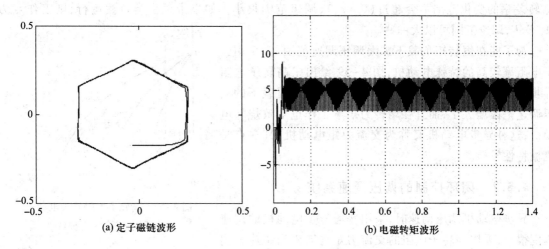

(a) 定子磁链波形   (b) 电磁转矩波形

图 4-57   DTC 系统仿真结果

4.5 交流调压调速系统

4.5.1 调压调速工作原理及机械特性

当电动机参数不变,保持电源频率 f_1 为额定频率,只改变定子电压的调速方式称作调压调速。调压过程中,定子电压不能超过额定电压。式(4-82)为异步电动机的机械特性方程式,即:

$$T_e = \frac{3n_p U_s^2 R_r' s}{\omega_1 \left[(sR_s + R_r')^2 + s^2 \omega_1^2 (L_{1s} + L_{1r}')^2 \right]} \tag{4-82}$$

将上式对 s 求导,并令 $\dfrac{\mathrm{d}T_e}{\mathrm{d}s} = 0$,可求出最大转矩 T_{em} 和对应的临界转差率 s_m。

$$s_m = \frac{R_r'}{\sqrt{R_s^2 + \omega_1^2 (L_{1s} + L_{1r}')^2}} \tag{4-83}$$

$$T_{em} = \frac{3n_p U_s^2}{2\omega_1 \left[R_s + \sqrt{R_s^2 + \omega_1^2 (L_{1s} + L_{1r}')^2} \right]} \tag{4-84}$$

可见,改变定子电压时,临界转差率 s_m 保持不变,最大转矩 T_{em} 随定子电压的减小而成平方比地下降。这样不同电压下机械特性如图 4-58 所示。

由图 4-58 可见,带恒转矩负载 T_L 时,普通的笼型异步电动机变电压时的稳定工作点为 A、B、

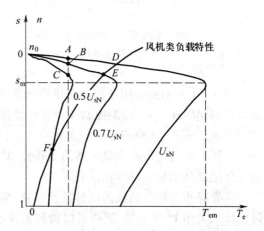

图 4-58   异步电动机在不同电压下的机械特性

C,转差率的变化范围不会超过$(0 \sim s_{\mathrm{m}})$,调速范围很小。如果带风机类负载运行,则工作点为D、E、F,调速范围可以大一些。

为了能在恒转矩负载下扩大调压调速范围,宜采用转子电阻率较高的特殊电动机,图 4-59 给出了高转子电阻异步电动机调压时的机械特性,显然在恒转矩负载下的调压调速范围增大了,而且在堵转力矩下工作也不致烧坏电动机,这种异步电动机又称为交流力矩电动机,其缺点是机械特性较软。

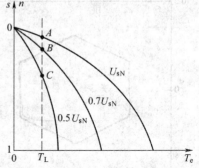

图 4-59　高转子电阻异步电动机
在不同电压下的机械特性

4.5.2　闭环控制的调压调速系统

异步电动机调压调速时,采用普通异步电动机的调速范围很窄,采用高转子电阻的交流力矩电动机的调速范围虽然可以大一些,但机械特性变软,负载变化时的静差率又太大,开环控制很难解决这个矛盾。对于恒转矩性质的负载,调速范围要求在 $D = 2$ 以上时,往往采用带转速负反馈的闭环控制系统(见图 4-60)。

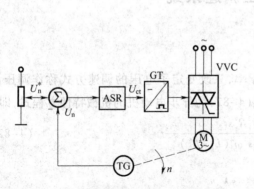

图 4-60　带转速负反馈闭环控制的
交流调压调速系统

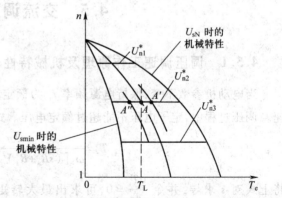

图 4-61　转速闭环控制的
交流调压调速系统静特性

图 4-61 所示的是闭环控制变压调速系统的静特性。当系统带负载在 A 点运行时,如果负载增大引起转速下降,反馈控制作用会自动提高定子电压,从而在右边一条机械特性上找到新的工作点 A'。同理,当负载降低引起转速上升,反馈控制作用会自动减小定子电压,从而会在左边一条特性上得到定子电压低一些的工作点 A''。按照反馈控制规律,将稳定工作点 A'、A、A'' 连接起来便是闭环系统的静特性。

尽管异步力矩电动机的机械特性很软,但由系统放大系数决定的闭环系统静特性却可以很硬。如果采用 PI 调节器,照样可以做到无静差。改变给定信号,则静特性平行地上下移动,达到调速的目的。

　　异步电动机闭环变压调速系统不同于直流电动机闭环变压调速系统的地方是:静特性左右两边都有极限,不能无限延长,它们是额定电压 U_{sN} 下的机械特性和最小输出电压 U_{smin} 下的机械特性。

　　当负载变化时,如果电压调节到极限值,闭环系统便失去控制能力,系统的工作点只能沿着极限开环特性变化。

4.5.3　调压控制在异步电动机软起动中的应用

　　异步电动机起动时, $s=1$,根据机械特性,起动电流和起动转矩分别为

$$I_{sst} \approx I'_{rst} = \frac{U_s}{\sqrt{(R_s+R'_r)^2+\omega_1^2(L_{1s}+L'_{1r})^2}} \tag{4-85}$$

$$T_{est} = \frac{3n_p U_s^2 R'_r}{\omega_1[(R_s+R'_r)^2+\omega_1^2(L_{1s}+L'_{1r})^2]} \tag{4-86}$$

由机械特性和转矩公式: $T_e=C_m\Phi_m I'_2\cos\varphi_2$ 可得出,一台普通的异步电动机,如不采取任何措施在额定电压下直接起动,起动电流很大,由于功率因数 $\cos\varphi_2$ 很低,所以虽然转子电流很大,但可以用来产生转矩的有功分量 $I'_2\cos\varphi_2$ 却不大。此外,大的起动电流在定子侧的漏阻抗上产生很大的压降,从而使得感应电势 E_g 减小。当感应电势 E_g 减小时,气隙主磁通 Φ_m 也随着减小,这将使得起动转矩进一步减小。通常起动电流为额定电流的 $4\sim8$ 倍,起动转矩为额定转矩的 $0.9\sim1.3$ 倍。对于小容量异步电动机,只要供电网络和变压器的容量足够大(一般要求比电动机容量大4倍以上),而供电线路并不太长(起动电流造成的瞬时电压降落低于 $10\%\sim15\%$),可以直接通电起动,操作也很简便。但中、大容量的异步电动机,由于电动机直接起动时冲击电流大,在起动过程中产生的电流冲击和转矩冲击会对电网、电动机本身及其负载机械设备带来不利影响,如果经常起动,还有绕组过热的危险,同时由于起动应力较大,使得负载设备的使用寿命降低。为此需要对电动机的起动过程加以控制,即采用软起动方法。现代软起动方法主要有变频软起动和调压软起动。变频软起动由变频装置(称为变频器)来实现,主要用于需要调速的场合。降压软起动是降低起动电流常用的方法,但采用这个方法,在降低起动电流的同时,起动转矩降低更多,所以只能用于空载起动。

　　电动机降压软起动是一种连续无级渐渐升压限流起动方式,电动机在起动时,定子电压由某一个初始值逐渐上升至全电压,并在电压上升过程中,限制起动电流的增加。一般有以下几种起动控制方式。

　　(1) 限流软起动

　　限流软起动是在电动机的起动过程中限制起动电流不超过某一设定值的软起动方式。主要用在负载较轻的场合,其输出电压从零开始迅速增长,直到其输出电流达到预先设定的电流限值,然后在保持输出电流的条件下逐渐升高电压到额定电压,使电动机转速逐渐升高,直到额定转速。

　　目前市场上大多数软起动器都具有电流闭环控制能力,起动过程中能控制电流的幅值,并保

持恒定。

（2）电压斜坡起动

其方法是输出电压先迅速升至 U_{s1}，U_{s1} 为电动机起动所需最小转矩所对应的电压值，然后按设定的速率逐渐升压，直至达到额定电压。初始电压及电压上升率可根据负载特性调整。这种起动方式的特点是起动电流相对较大，但起动时间相对较短。图 4-62 是斜坡起动特性曲线。

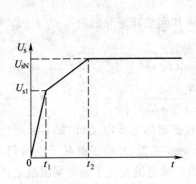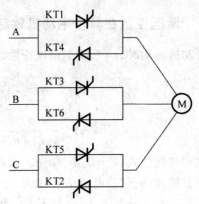

图 4-62　电压斜坡起动特性曲线　　　图 4-63　三相反并联晶闸管主电路

（3）转矩控制起动

主要用在重载起动，它是按电动机的起动转矩线性上升的规律控制输出电压，它的优点是起动平滑、柔性好，对拖动系统有利，同时减少了对电网的冲击，是最优的重载起动方式，缺点是起动时间较长。实现转矩控制的关键是准确的转矩估计以构成闭环。

要实现调压软起动必须有调压装置，即软起动器。目前一般采用晶闸管交流调压装置，主电路采用大功率晶闸管作为开关器件。图 4-63 是采用双向大功率晶闸管的软起动器主电路，通过改变晶闸管的触发角来实现装置输出电压的平稳升降和主回路的无触点通断，从而实现电动机的软起动。软起动器的功能同样也可以用于制动，以实现软停车。

思考题与习题

4-1　异步电动机变频调速有哪几种控制方式？怎么选择？

4-2　根据交直交变频器工作原理，分析其如何实现异步电动机变压变频调速控制。

4-3　什么是电压型变频器？什么是电流型变频器？各有什么特点？在变频调速系统中，负载电动机希望得到的是正弦波电压，还是正弦波电流？

4-4　试画出异步电动机动态等效电路和稳态等效电路，并分析两者之间有何不同。

4-5　异步电动机变压变频调速有哪几种控制方式？试就其易难程度、机械特性和系统实现等方面进行分析比较。

4-6　变频器工程应用时，通常有哪些参数需要设置？

4-7　分析设计单泵恒压供水变频控制系统方案。

4-8　异步电动机的非线性特征体现在哪些方面？

4-9　3/2 变换和旋转变换后，异步电动机数学模型比原始模型有了哪些变化？

4-10　论述矢量控制系统的基本工作原理，矢量变换和按转子磁链定向的作用，等效的直流电动机模型，矢量控制系统的转矩与磁链控制规律。

4-11　采用 SVPWM 控制，如何用有效工作电压矢量合成期望的输出电压矢量。

4-12　直接转矩控制系统的特点和存在的问题。

4-13　直接转矩控制系统与矢量控制系统的比较。

4-14　按恒功率原则，推导出静止三相坐标系到两相正交坐标系的变换公式。

4-15　按恒功率原则，推导出静止两相正交坐标系到旋转正交坐标系的变换公式。

4-16　论述按转子磁链定向矢量控制的基本思想。

4-17　画出按转子磁链定向矢量控制系统结构图，分析原理。

4-18　采用 SVPWM，图解画出基本工作电压矢量 **101** 的合成。

4-19　何为软起动器，异步电动机采用软起动有什么好处？

4-20　叙述交流异步电动机调压调速实现方法。异步电动机调压调速开环控制系统和闭环控制系统性能有何不同？

第 5 章 交流伺服系统

5.1 伺服系统概述

伺服广义上是指用来控制被控对象的某种状态或某个过程,使其输出量能自动地、快速而准确地复现或跟踪输入量的变化规律。输入量可以是位置和位置以外的其他物理量。狭义的伺服系统专指被控制量(输出量)是负载机械空间位置的线位移或角位移,通常把这类伺服系统称作位置伺服系统,或叫位置随动系统。位置伺服系统最初用于船舶的自动驾驶、火炮控制和指挥仪中,如雷达系统的自动瞄准跟踪系统,火炮、导弹发射架的瞄准运动控制。后来逐渐推广到很多领域,特别是高性能数控机床、机器人控制、天线位置控制、导弹和飞船的制导等。

5.1.1 位置伺服系统案例——数控进给伺服系统

1. 场景描述

数控机床的运动控制主要包括主轴和进给伺服系统,进给伺服系统(Servo System)是以机床移动部件的位置和速度为控制量的自动控制系统。

数控机床通常有两个以上进给伺服轴,协调控制切削刀具作平面或空间运动。进给伺服系统接受来自计算机数字控制装置(CNC)发出的位移指令,经过位置、速度环节的调节和功率放大,由电动机和机械传动机构驱动机床坐标轴带动工作台及刀架,通过轴的联动使刀具相对工件产生各种复杂的机械运动,从而加工出用户所要求的复杂形状的工件。图 5-1 的汽车刹车盘就是数控机床加工对象之一。

2. 任务需求

设计一进给位置伺服系统,应用于中高档数控伺服进给控制,要求:① 能快速、准确执行数控系统发出的运动指令;② 宽调速范围,通常要达到 10 000:1 以上,才能满足较低速加工和高速往返的要求;③ 定位精度高,作为精密加工的数控机床,要求的定位精度或轮廓加工精度通常都比较高,允许的偏差一般在 0.001 mm ~ 0.01 mm 之间;④ 速度响应快且无超调。

驱动系统采用交流永磁同步伺服电动机及相应驱动器,位置检测使用光栅尺,速度反馈检测使用光电编码器。一般工业应用的交流伺服驱动系统如图 5-2 所示,包括交流永磁同步伺服电动机和配套的伺服驱动器。

3. 系统结构

每个进给伺服轴的伺服系统具有位置、速度、电流闭环调节,图 5-3 为数控进给伺服控制系统结构示意图,系统包括位置控制、速度控制和进给传动。通常位置控制在数控控制器(CNC)

实现,速度控制可以在 CNC 实现,也可以在伺服驱动器中实现。

图 5-1 汽车刹车盘

图 5-2 交流伺服驱动系统

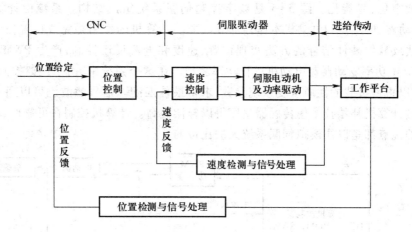

图 5-3 伺服闭环控制系统结构示意图

5.1.2 位置伺服系统的组成及其工作原理

1. 位置伺服系统典型结构

图 5-4 所示为位置伺服系统典型原理结构图。位置调节器将位置给定信号与位置反馈信号之差值通过调节器进行动态校正,然后送至速度调节器,再送至电流调节器,即经过外环、中环、内环三个闭环调节器的校正再由功率驱动器驱动伺服电动机,实现位置伺服控制。以上各环节的调节器参数的设计和整定应依据具体的负载的性质(力矩和惯量的大小),以便满足位置伺服精度的要求。

2. 数字控制伺服系统构成

当前,伺服系统都已经数字化,即应用计算机作为伺服系统的控制器,电动机的功率驱动器、

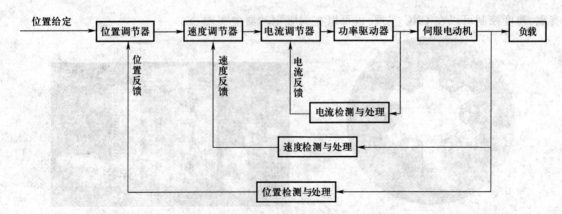

图 5-4 经典位置伺服系统原理结构

传感器也都数字化、智能化。图 5-5 是数字控制伺服系统组成结构。系统由计算机控制器、PWM 功率驱动器、传感器和电动机本体四部分组成。计算机的作用是完成位置信号的检测,再由纯软件方法或软件硬件结合的方法实现位置、速度和电流反馈控制,产生 PWM 脉宽调制信号,最后由 PWM 功率驱动器对电动机进行功率驱动。在这个系统中,由于反馈控制是通过软件实现的,故可以根据负载的性质改变系统参数,求得最佳匹配。信号滤波也可以通过软件实现,更有可能通过计算机补偿技术使传感器精度得以补偿提高。计算机控制在可靠性、小型化、联网群控等方面的优点都是以往模拟伺服系统无法比拟的。

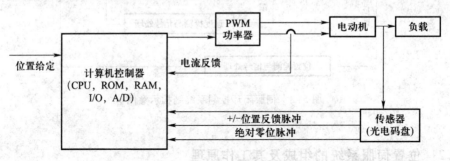

图 5-5 数字控制伺服系统结构

5.1.3 伺服系统的分类

伺服系统按其驱动元件划分,有步进式伺服系统、直流电动机伺服系统、交流电动机伺服系统;按控制方式划分,有开环伺服系统、半闭环伺服系统和全闭环伺服系统等。

1. 开环系统

图 5-6 是开环系统构成图,它主要由控制器、驱动电路、执行元件和被控对象组成。常用的执行元件是步进电动机,驱动电路的主要任务是将指令脉冲转化为驱动执行元件所需的信号。

其主要应用于简易数控,或其他对位置控制精度要求不高的场合。

图 5-6 开环系统构成图

2. 闭环系统

图 5-7 和图 5-8 分别为半闭环系统和全闭环系统构成图。通常把检测元件安装在电动机轴端的伺服系统称为半闭环系统;把检测元件安装在被控对象上的伺服系统称为全闭环系统。常见的检测元件有旋转变压器、感应同步器、光栅、磁栅和光电编码器等。由于电动机轴端和被控对象之间传动误差的存在,半闭环伺服系统的精度要比全闭环伺服系统的精度低。

比较环节的作用是将指令信号和反馈信号进行比较,两者的差值作为伺服系统的跟随误差,经控制器、伺服放大器、伺服电动机带动对象运动,减小跟随误差。根据进入比较环节信号的形式以及反馈检测方式,闭环(半闭环)系统可分为脉冲比较伺服系统、相位比较伺服系统和幅值比较伺服系统三种。

图 5-7 半闭环系统构成图

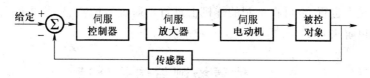

图 5-8 闭环系统构成图

5.1.4 伺服系统分析及设计的基本方法

图 5-4、图 5-5 让我们了解了位置伺服系统的基本组成,但实际伺服控制系统的设计是很难一次成功的,往往都要经过多次反复修改和调试才能获得满意的结果,下面仅对伺服系统设计的一般步骤和方法作简单介绍。

(1)系统方案设计

方案设计应包括下述内容:需求分析,明确其应用场合和目的、基本性能指标及其他性能指标;控制原理分析,建立系统的控制结构,明确控制方式;根据具体速度、负载及精度要求确定执行元件、传感器及其检测装置的参数和型号。机械传动及执行机构选择等。

（2）系统仿真及性能分析

建立永磁同步电动机的数学模型,设计电流环、速度环、位置环,画出系统方框图,列出系统近似传递函数,并对传递函数及方框图进行简化,然后在此基础上对系统稳定性、精度及快速响应性进行仿真分析,其中最主要的是稳定性分析,如不能满足设计要求,应考虑修改方案或增加校正环节。

（3）机械系统设计

机械系统设计包括机械传动机构及执行机构的具体结构及参数的设计,设计中应注意消除各种传动间隙,尽量提高系统刚度、减小惯量及摩擦,尤其在设计执行机构的导轨时要防止产生"爬行"现象。

（4）控制系统设计

采用计算机数字控制,首先进行基本结构设计,主要是基于微处理器的伺服控制器选择及系统电气设计;其次是各环节控制器算法软件的设计和伺服控制器驱动器参数设置。控制系统设计中应注意各环节参数的选择及与机械系统参数的匹配,以使系统具有足够的稳定裕度和快速响应性,并满足精度要求。

（5）系统性能复查

所有结构参数确定之后,可重新列出系统精确的传递函数,但实际的伺服系统一般都是高阶系统,因而还应进行适当简化,才可进行性能复查。经过复查如发现性能不够理想,则可调整控制系统的参数或修改算法,甚至重新设计,直到满意为止。

（6）系统测试实验

上述设计与分析都还处于理论阶段,实际系统的性能,还需通过测试实验来确定。测试实验可在模型实验系统上进行,也可在试制的样机上进行。通过测试实验,往往还会发现一些问题,必须采取措施加以解决。

5.2　位置检测与信号处理

位置检测装置是数控机床伺服系统的重要组成部分,其精度对数控机床的定位精度和加工精度都有很大影响。因此,了解位置检测元件的工作原理,正确选用位置检测元件是设计、使用和维护数控机床所必需的。本节主要介绍数控机床中常用位置检测元件的结构、工作原理、使用方法和特点。

对于不同的数控机床,因工作条件的检测要求不同,可以采用不同的检测方式,数控机床常用的检测装置见表5-1。

表 5-1　位置检测元件分类

	数字式		模拟式	
	增量式	绝对式	增量式	绝对式
旋转型	增量式光电编码器、旋转变压器、圆光栅	绝对式光电编码器	旋转变压器、圆形感应同步器、圆形磁尺	多极旋转变压器、三速圆型感应同步器
直线型	光栅尺、激光干涉仪	编码尺、多通道投射光栅	直线型感应同步器、磁尺	三速直线型感应同步器,绝对式磁尺

1. 旋转变压器

旋转变压器常用于角位移的检测,它具有结构简单、工作可靠、信号输出幅值大、抗干扰能力强等优点,但其控制精度低。一般用于精度要求不高的数控机床或大型数控机床的粗测及中测系统。

(1) 旋转变压器的结构

旋转变压器(又称为同步分解器)是一种旋转式的小型交流电机,它由定子和转子两部分组成。定子和转子均由高导磁的铁镍软磁合金或硅钢薄板冲压成的槽状芯片叠成。在定子和转子的槽状铁心内分别嵌有绕组:定子绕组为旋转变压器的原边,定子绕组通过固定在壳体上的接板直接引出;转子绕组为旋转变压器的副边。

(2) 旋转变压器的工作原理

图 5-9 所示为旋转变压器工作原理示意图。由于旋转变压器在结构上保证了定子与转子之间空气间隙的磁通按正弦规律分布,当定子绕组加上一定频率的交流励磁电压时,通过电磁耦合,转子绕组会产生感应电动势,其输出电压的大小取决于定子与转子两个绕组的轴线在空间的相对位置。当两者垂直时,转子绕组中的感应电动势为零,如图 5-9(a)。当两者平行时,转子绕组中的感应电动势最大,如图 5-9(c)。当两者成一定角度时,转子绕组中的感应电动势为:

$$E_2 = KU_s \sin\theta \; ; \; K = \frac{W_1}{W_2} \; ; \; U_s = U_m \sin\omega t$$

式中:K——两个绕组的匝数比;

$\quad E_2$——转子绕组感应电势;

$\quad W_1$——定子绕组匝数;

$\quad W_2$——转子绕组匝数;

$\quad U_m$——定子绕组外加电压幅值;

$\quad U_s$——定子绕组的励磁电压;

$\quad \theta$——两绕组的轴向夹角。

如图 5-9(b)所示,若将转子与数控机床的进给丝杠同轴安装,定子安装在机床的相对固定部分,则 θ 角为丝杠转过的角度,即间接地反映了机床工作台的移动距离。从上式可知,旋转变压器转子绕组感应电动势的幅值(或相位)严格地按转子转角 θ 的正弦规律变换,其频率和励磁电压的频率相同。因此,可采用测量旋转变压器转子绕组感应电动势的幅值或相位的方法,来测量转子转角 θ 的变化。

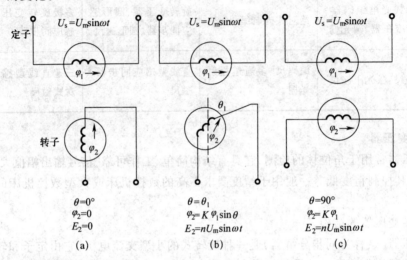

图 5-9　旋转变压器工作原理

　　由于旋转变压器是模拟电磁元件,在数字伺服系统应用中,常用旋转变压器/数字转换器(RDC)实现模拟信号到数字信号的转换。

2. 光栅尺

　　在数控系统中应用最普遍的是光电编码器和光栅尺。光电编码器在第二章中作了介绍,这里对光栅尺作介绍。

　　光栅是由很多等节距的透光缝隙和不透光的刻线均匀相间排列构成的光电器件。按其原理和用途,可分为物理光栅和计量光栅。计量光栅主要利用莫尔现象测量位移、速度、加速度、振动等物理量。它具有检测范围大、测量精度高、响应速度快等特点,因此,在数控车床中广泛应用。

　　按制造工艺不同,光栅尺可分为透射光栅尺和反射光栅尺。

　　透射光栅尺是在透明玻璃表面上刻上间隔相等的不透明线纹制成的,线纹密度可达到 100 条每毫米以上;反射光栅尺一般在金属的反光平面上刻上平行、等距的密集刻线,利用反射光进行测量,其刻线密度一般在 4~50 条每毫米范围内。

　　(1) 光栅检测装置结构

　　光栅检测装置的结构如图 5-10 所示,由光源、长光栅(标尺光栅)、短光栅(指示光栅)、光电元件等组成。一般来说,移动的光栅为长光栅,短光栅装在机床的固定部件上。长光栅随工作台一起移动,其有效长度即为测量范围。

当标尺光栅相对于指示光栅移动时,便形成大致按正弦规律分布的明暗相间的叠栅条纹。这些条纹以光栅的相对运动速度移动,并直接照射到光电元件上,在它们的输出端得到一串电脉冲,通过放大、整形、辨向和计数系统产生数字信号输出,直接显示被测的位移量。

图 5-10　光栅尺结构原理

（2）莫尔条纹的形成原理

当用光源的平行光照射光栅时,由于刻线的挡光作用和光的衍射作用,在与刻线垂直的方向上就会产生明暗交替、间隔相等的干涉条纹,称为莫尔条纹。

莫尔条纹的特点:

① 放大作用。莫尔条纹的宽度 B 将随条纹的夹角 θ 的变化而变化,其关系为:

$$B=\frac{\omega}{2\sin\left(\dfrac{\theta}{2}\right)}\approx\frac{\omega}{\theta} \tag{5-1}$$

式中:ω——光栅的栅距;

θ——两光栅的刻线夹角。

② 平均效应。莫尔条纹是在指示光栅覆盖了许多条纹后形成的,例如,对于 250 线/mm 的光栅,10 mm 长的一条莫尔条纹是由 2 500 条刻线组成的。

③ 信号变换(放大)。标尺光栅每移动一个栅距,莫尔条纹相应移动一个宽度,同时光线强度按近似正弦规律变化一个周期,从而把机械位移信号变换成了光学信号。

④ 莫尔条纹的移动与刻线的移动成正比。

5.3　永磁同步电动机(PMSM)伺服系统设计与应用

永磁同步电动机交流伺服系统主要包括位置、速度、转矩和电流控制器、功率驱动单元、位置/速度/电流反馈单元、通讯接口单元等,其数字控制伺服系统结构如图 5-5 所示,系统由软硬件实现。高性能的交流伺服系统要求永磁同步电动机尽量具有线性的数学模型,这就需要通过对电机转子磁场的优化设计,使转子产生正弦磁动势,并改进定子、转子结构,消除齿槽力矩,减小电磁转矩波动。

5.3.1　永磁同步伺服电动机数学模型

永磁同步电动机定子为三相分布绕组,转子为永磁体材料构成,在磁路结构和绕组分布上保证定子绕组的感应电动势具有正弦波形,在定子绕组上外施三相正弦波电源时,定子电压和电流也为正弦波。分析永磁同步伺服电动机时常用 dq 坐标系下的数学模型,可用于分析动态性能和稳态运行性能。d、q、O 坐标系统将原来静止的定子绕组轴线 a、b、c 相轴线采用与转子同速旋转的 d、q 轴线及独立的零轴线,如图 5-11。

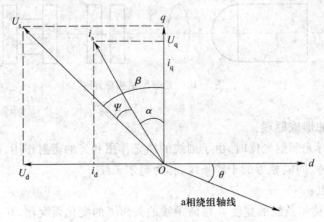

图 5-11　电动机绕组轴线位置

d、q、O 坐标系与 a、b、c 坐标系的变换矩阵为:

$$C = \sqrt{\frac{2}{3}} \begin{bmatrix} \cos\theta & \cos\left(\theta - \dfrac{2\pi}{3}\right) & \cos\left(\theta + \dfrac{2\pi}{3}\right) \\ -\sin\theta & -\sin\left(\theta - \dfrac{2\pi}{3}\right) & -\sin\left(\theta + \dfrac{2\pi}{3}\right) \\ \sqrt{\dfrac{1}{2}} & \sqrt{\dfrac{1}{2}} & \sqrt{\dfrac{1}{2}} \end{bmatrix} \tag{5-2}$$

当采用新的 d、q 轴线时,电枢绕组的自感系数及互感系数均由时变系数变为与 θ 无关的常数;使相互电磁耦合的 a、b、c 相绕组变为没有耦合关系的假想的电枢 d、q,解耦后便于获得良好的控制性能。在不计铁心饱和及铁耗、三相电流对称、转子无阻尼绕组,dq 坐标系下永磁同步伺服电动机的数学模型为如下。

电压方程:

$$\begin{cases} u_{sd} = R_s i_{sd} - \omega\psi_{sq} + \dfrac{\mathrm{d}\psi_{sd}}{\mathrm{d}t} \\ u_{sq} = R_s i_{sq} + \omega\psi_{sd} + \dfrac{\mathrm{d}\psi_{sq}}{\mathrm{d}t} \end{cases} \tag{5-3}$$

磁链方程:

$$\begin{cases} \psi_{sd} = L_{sd} i_{sd} + \psi_f \\ \psi_{sq} = L_{sq} i_{sq} \end{cases} \tag{5-4}$$

电磁转矩矢量方程为:

$$T_e = n_p \boldsymbol{\psi}_s \times \boldsymbol{i}_s \tag{5-5}$$

用 d、q 轴系分量来表示式(5-5)中的磁链和电流综合矢量,有:

$$\begin{cases} \boldsymbol{\psi}_s = \psi_{sd} + j\psi_{sq} \\ \boldsymbol{i}_s = i_{sd} + ji_{sq} \end{cases} \tag{5-6}$$

将式(5-6)代入式(5-5),电机电磁转矩方程变换为:

$$T_e = n_p(\psi_{sd} i_{sq} - \psi_{sq} i_{sd}) \tag{5-7}$$

将磁链方程式(5-4)代入式(5-7),可得永磁同步电机电磁转矩:

$$T_e = n_p[\psi_f i_{sq} + (L_{sd} - L_{sq}) i_{sd} i_{sq}] \tag{5-8}$$

由图 5-11 可知,$i_{sd} = i_s \cos\beta$,$i_{sq} = i_s \sin\beta$,将其代入式(5-7)得:

$$T_e = n_p[\psi_f i_s \sin\beta + 0.5(L_{sd} - L_{sq}) i_s^2 \sin2\beta] \tag{5-9}$$

式(5-3)~式(5-8)中,L_{sd}、L_{sq} 为电机直轴、交轴同步电感,R_s 为电机定子电阻,n_p 为电机定子绕组极对数,$\boldsymbol{\psi}_s$、$\boldsymbol{i}_s$ 为电机磁链、定子电流的综合矢量,i_{sd}、i_{sq} 为在 d、q、O 同步旋转坐标系中直轴与交轴电流。

力矩平衡方程式为:

$$T_e - T_L = J\frac{d\omega_r}{dt} + D\omega_r \tag{5-10}$$

式(5-10)中,ω_r、T_L、J、D 分别是电机机械角速度$\left(\omega_r = \dfrac{\omega}{n_p}\right)$、电机的负载阻力矩、电机轴联转动惯量、电机阻尼系数。

公式(5-3)、式(5-4)、式(5-8)、式(5-9)便是永磁同步电动机在 d、q、O 同步旋转坐标系下的数学模型。

当永磁同步电机为面贴式永磁同步电机($L_{sd} = L_{sq} = L_s$),电机阻尼系数 $D = 0$,由式(5-3)、式(5-4)、式(5-8)、式(5-9)得出永磁同步电机的状态方程为

$$\begin{bmatrix} i_{sd} \\ i_{sq} \\ \omega_r \end{bmatrix} = \begin{bmatrix} -R_s/L_s & n_p\omega_r & 0 \\ -n_p\omega_r & -R_s/L_s & -n_p\omega_r/L_s \\ 0 & n_p\psi_f/J & 0 \end{bmatrix} \begin{bmatrix} i_{sd} \\ i_{sq} \\ \omega_r \end{bmatrix} + \begin{bmatrix} u_d/L_s \\ u_q/L_s \\ -T_L/J \end{bmatrix} \tag{5-11}$$

由于通常采用 $i_{sd} = 0$ 的矢量控制方式,此时可得

$$\begin{bmatrix} i_{sq} \\ \omega_r \end{bmatrix} = \begin{bmatrix} -R_s/L_s & -n_p\omega_r/L_s \\ n_p\psi_f/J & 0 \end{bmatrix} \begin{bmatrix} i_{sq} \\ \omega_r \end{bmatrix} + \begin{bmatrix} u_{sq}/L_s \\ -T_L/J \end{bmatrix} \tag{5-12}$$

式(5-12)即为永磁同步电机的解耦状态方程。

5.3.2 伺服系统的三环设计

在数控机床交流进给伺服系统中大量采用三相永磁同步伺服电动机,三相永磁同步电动机

伺服系统一般是由电流环、速度环和位置环组成的三环结构,如图 5-12 所示。目前,数控机床中交流伺服系统一般采用三环 PID 调节控制技术,为了进一步提高数控机床伺服系统性能,有必要深入研究数控伺服系统的 PID 参数整定及优化问题。

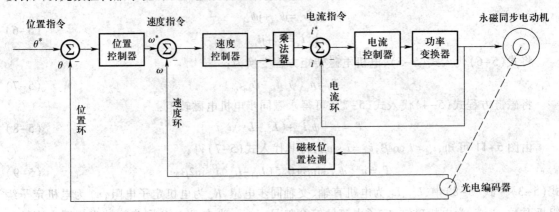

图 5-12　永磁同步电动机伺服系统三环控制框图

在三环结构中,电流环和速度环为内环,位置环为外环。其中,电流环的作用是改造内环控制对象的传递函数,提高系统的快速性,及时抑制电流环内部的干扰,限制最大电流,使系统有足够大的加速扭矩,并保障系统安全运行。速度环的作用是增强系统抗负载扰动的能力,抑制速度波动。位置环的作用是保证系统静态精度和动态跟踪性能,使整个伺服系统能稳定、高性能运行。工程设计中,电流环和速度环一般采用 PI 调节器,位置环采用 P 调节器。

对于多环结构的控制系统,其调节器设计的一般方法是:从内环开始,先设计好内环的调节器,然后把内环的整体当作外环中的一个环节,去设计外环的调节器,这样一环一环地向外逐步扩大,直到所有控制环的调节器都设计好为止。在设计每个调节器时多采用简便实用的工程设计方法。

5.3.2.1　电流环的设计

在上一节已经介绍了 PMSM 的解耦状态方程如式(5-12)所示。在零初始条件下,对电机的解耦状态方程求拉氏变换,以电压 u_{sq} 为输入,转子速度为输出的交流永磁同步电机系统框图如图 5-13 所示,其中 $C_T = n_p \psi_f$ 为转矩系数。

在永磁同步伺服系统的三环结构调节系统中,各环节性能的最优化是整个伺服系统高性能的基础,而外环性能的发挥依赖于系统内环的优化。尤其是电流环,它是高性能伺服系统构成的根本,其动态响应特性直接关系到矢量控制策略的实现,直接影响整个系统的动态性能。

电流环主要包括:电流调节器、逆变器和电流检测装置,各部分的传递函数如下:

(1) 逆变器:在分析电流环动态特性时,逆变器一般简化成一阶惯性环节,其时间常数为 T_v,其控制增益为 K_v。

(2) 电流反馈滤波器:由于逆变器的输出电压(或者电流)和来自电流检测单元的反馈信号

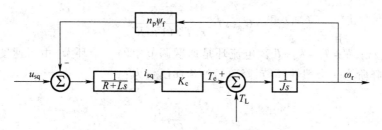

图 5-13 交流永磁同步电机系统框图

中常含有高次谐波分量,容易造成系统的振荡,需要低通滤波器加以滤波。该滤波器可以看成是小惯性环节,其比例传递系数为 K_{cf},其滤波时间常数为 T_{cf}。

(3) 电流调节器:采用工程中常见的 PI 调节器其传递函数为:

$$G_{PI} = K_p \left(\frac{\tau_i s + 1}{\tau_i s} \right) \tag{5-13}$$

式中:τ_i——积分时间常数;

K_p——比例增益。

(4) 前向通道滤波器:电流反馈滤波器使反馈信号产生延滞,为了平衡这一延滞作用,在给定信号的前向通道中也加入一个时间常数与之相同的惯性环节,它可以让给定信号和反馈信号经过相同的时间延迟,使二者在时间上得到恰当的匹配,给设计带来方便。

在永磁同步电动机解耦模型的基础上加上以上各组成部分,建立永磁同步电机的电流环的控制框图,如图 5-14 所示。

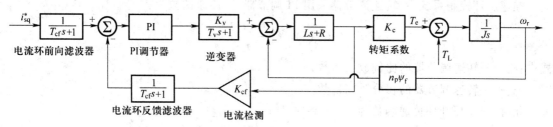

图 5-14 电流环控制框图

由图 5-14 可得电流环的开环传递函数为:

$$G_i(s) = \frac{KK_v K_p (\tau_i s + 1) K_{cf}}{(T_m s + 1)(T_v s + 1)\tau_i s (T_{cf} s + 1)} \tag{5-14}$$

式(5-14)中,$K = 1/R$,T_m 为电枢回路时间常数。选择电流调节器的零点对消被控对象的时间常数极点,取 $\tau_i = T_m$,$T_m = L/R$,忽略反电动势对电流环的影响,并将电流滤波看成小惯性环节,则电流环的闭环传递函数为:

$$G_{iB}(s) = \frac{K'}{s(T's+1)+K'} \qquad (5-15)$$

式中,$K' = KK_iK_p/\tau_i$,$T' = T_i = T_{cf}+T_v$。电流环是速度调节中的一个环节,由于速度环截止频率较低,故电流环可降阶为一个惯性环节,降阶后的传递函数为:

$$G_{iB}(s) = \frac{1}{\frac{1}{K'}s+1} \qquad (5-16)$$

根据超调量的要求,可取阻尼比 $\xi = 0.707$,$K' = 1/2T'$,则可得 $\tau_i = L/R$,$K_p = \tau_i/2KK_iT'$。

5.3.2.2　速度环的设计

速度环的作用是增强系统抗负载扰动能力,抑制速度波动,具有速度脉动小、频率响应快、调速范围宽等要求。前面提到,电流环是速度调节的一个环节,把降阶后的电流环作为速度调节器的一个惯性环节,由此可实现速度环的设计。

选择速度调节器为 PI 调节器,其结构框图如图 5-15 所示。

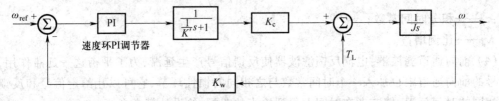

图 5-15　速度环控制系统框图

在速度环控制系统中,转速调节器采用 PI 调节器,其传递函数为:

$$G_{pn}(s) = K_s\frac{(\tau_s s+1)}{\tau_s s} \qquad (5-17)$$

式中:K_s——转速调节器的比例放大倍数;

τ_s——转速调节器的积分时间常数。

此时,速度环开环传递函数为:

$$G_s(s) = \frac{K_s K_c(T_s s+1)}{Js^2 T_s\left(\frac{1}{K'}s+1\right)} \qquad (5-18)$$

由式(5-18)可知,速度环可以按典型的 Ⅱ 型系统来设计。定义 h 为频宽,根据典型 Ⅱ 型系统的设计要求,有:

$$T_s = h\frac{1}{K'} \qquad (5-19)$$

$$K_s = \frac{h+1}{2h}\times\frac{J}{K_c/K'} \qquad (5-20)$$

取 $h = 5$,此时调节时间最短。

5.3.2.3 位置环的设计整定

对于数控车床、数控铣床而言,需要进行轮廓插补加工,这就要求伺服系统除了能够进行精确定位以外,还要能够随时控制伺服电动机的转向和转速,以保证数控加工轨迹能快速、准确地跟踪位置指令的要求。动态误差是这一类机床伺服系统的主要品质指标,它直接影响了机械加工的精度,为了保证零件的加工精度和表面粗糙度,绝对不允许出现位置超调。

伺服系统稳态运行时,希望输出量准确无误地跟踪输入量或尽量复现输入量,即要求系统有一定的稳态跟踪精度,产生的稳态位置误差越小越好。衡量伺服系统稳态性能的唯一指标就是稳态误差,稳态误差越小表明系统的跟踪精度越高。在数控机床的位置伺服系统中,当速度调节器采用 PI 调节器,而且位置环的截止频率远小于速度环的各时间常数的倒数时,速度环的闭环传递函数可近似地等效为一阶惯性环节,这样处理在理论和实际中均能真实地反映速度环的特性,并且能使得位置环的设计大大简化,也易于分析伺服系统的稳定性。简化系统结构图如图 5-16 所示,图中,$G_s(s)$ 为速度环闭环传递函数。

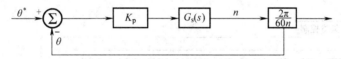

图 5-16 位置环简化系统框图

5.3.3 伺服系统仿真分析

在 Matlab/Simulink 环境下,利用模块库,在分析永磁同步电动机的数学模型的基础上,建立了交流伺服系统仿真模型,系统的整体控制框图如图 5-17 所示。系统采用三闭环控制的方法,包括位置环、速度环和电流环。

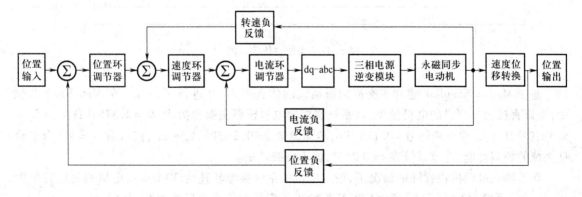

图 5-17 系统整体控制框图

系统整体仿真图如图 5-18 所示。位置反馈信号为转子转角,包括两部分:① 反馈与输入的参考比较后输入位置调节器;② 反馈到 dq-abc 坐标变换模块中。速度反馈信号为转子的转速 ω_{m},其反馈与位置调节器的输出信号(参考输入转速)比较后输入速度调节器。电流反馈信号为定子三相电流 i_{s}_abc,定子三相电流 i_{s}_abc 反馈信号与三相电流给定比较后输入至电流调节器,经过矢量控制环节至逆变单元产生 PWM 脉宽波形。

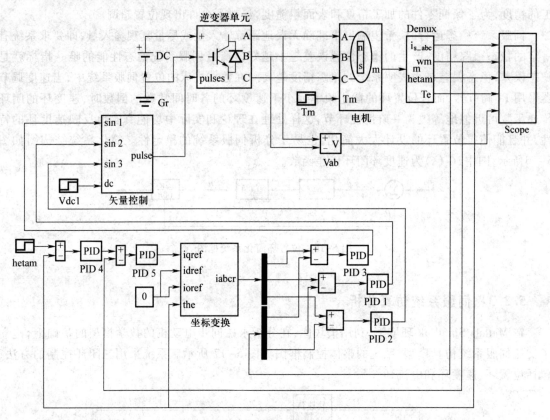

图 5-18　系统整体仿真图

基于 Matlab/Simulink 建立了交流伺服系统的仿真模型,并进行了仿真。在 Matlab7.0 系统中,可以直接选择预设的电机模型,该系统选取的电机模型主要参数为: $R_{\mathrm{s}} = 2.875\ 0\ \Omega$, $L_{\mathrm{sd}} = L_{\mathrm{sq}} = 8.5 \times 10^{-3}$ H;转子磁场磁通 $\psi = 0.175$ Wb;转动惯量 $J = 0.8 \times 10^{-3}$ kg·m^2;极对数 $n_{\mathrm{p}} = 4$。为了验证系统的控制性能,选取系统在 $t = 0$ 时刻,加入负载转矩。

在不加入电动机位置环的情况下,设定电机的系统参考转速为 30 rad/s,电机的负载转矩为 20 N·m。系统运行后可以得到 SVPWM 模块中各变量的仿真波形如图 5-19 所示。

图 5-19(a)为扇区从一到六连续变化的波形图;图 5-19(b)为 X、Y、Z 的波形图;图 5-19(c)为同一扇区内两个相邻的基本电压空间矢量作用时间波形;图 5-19(d)为 T_{a}、T_{b}、T_{c} 三个设定值的变化波形,图 5-19(e)为逆变器开关作用时间的波形,由图 5-19(e)可以看出六个基本电

压空间矢量作用时间与开关的作用时间相互对应；输入到 SVPWM 模块的两个电压值 U_α、U_β 的波形图，如图 5-19(f) 所示。

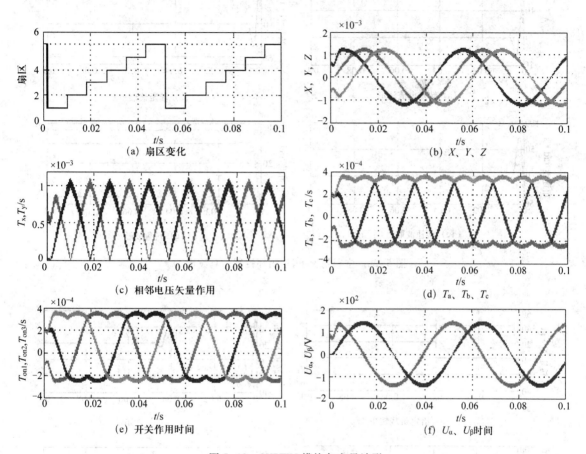

图 5-19　SVPWM 模块各变量波形

采用位置、电流、转速三闭环的情况下，在 0 s 时设定位置给定量为 30 rad，负载转矩为 0，可以得到无负载情况下三闭环控制的仿真波形图如图 5-20 所示。

从图 5-20 中可以看出，永磁同步电动机在空载情况下，能够在 0.01 s 左右迅速的跟踪到位置给定信号 30 rad，而且位置跟踪的超调量很小。

当给定转角位置信号为 30 rad，设定在 0.04 秒时突加 20 N·m 的负载，系统仿真后可得永磁同步电动机的转矩、转速以及转角波形，如图 5-21 所示。

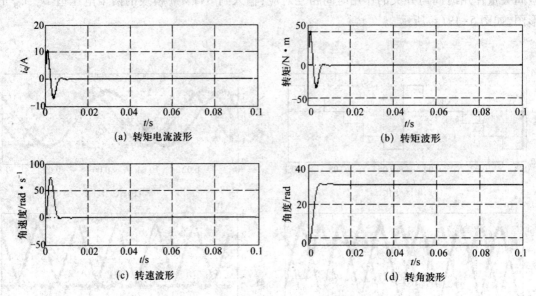

(a) 转矩电流波形   (b) 转矩波形

(c) 转速波形   (d) 转角波形

图 5-20 空载情况下,三闭环控制仿真波形

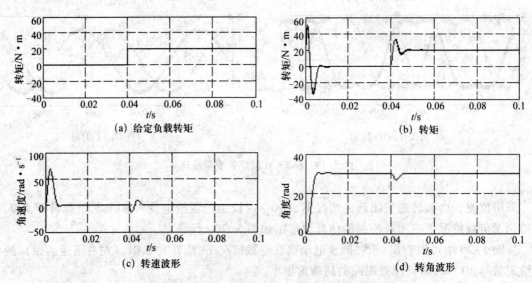

(a) 给定负载转矩   (b) 转矩

(c) 转速波形   (d) 转角波形

图 5-21 突加负载情况下,三闭环控制仿真波形

5.4　无刷直流电动机(BLDC)伺服系统

5.4.1　无刷直流电动机伺服系统组成

无刷直流电动机是一种自控变频的永磁同步电动机,无刷直流电动机输入方波电流,气隙磁场呈梯形波分布,也称为梯形波永磁同步电动机。它的电枢绕组是经由电子"换向器"接到直流电源上,性能接近直流电动机,但没有电刷。无刷直流电动机的基本构成包括电动机本体、转子位置检测器和电子换相电路三部分,如图 5-22 所示。

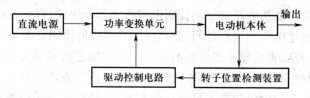

图 5-22　无刷直流电动机驱动系统结构

在无刷直流电动机中,由位置检测装置提供电动机磁极的位置信号,控制逆变器换向,使电枢绕组依次通电,从而在主定子上产生跳跃式的旋转磁场,拖动永磁转子旋转。随着转子的转动,位置检测装置不断的送出信号,以改变电枢绕组的通电状态,使得在某一磁极下导体中的电流方向始终保持不变,这就是无刷直流电动机的无接触式换流过程的实质。

1. 电动机本体

电动机本体与永磁同步电机相似,转子由永久磁钢按一定极对数组成,目前多使用稀土永磁材料。其定子绕组采用交流绕组形式,一般制成多相。绕组形式往往采用整距、集中或接近整距、集中的形式。BLDC 的转子结构既有传统的内转子结构,又有近年来出现的盘式结构、外转子结构和线性结构等新型结构形式。伴随着新型永磁材料钕铁硼的实用化,电机转子结构越来越多样化,使 BLDC 正朝着高转矩、高精度、微型化和耐环境等多种用途发展。

2. 转子位置检测器

在 BLDC 中,转子位置传感器与电动机同轴安装,起着测定转子位置的作用,为逆变器提供正确的换相信息。由于逆变器的导通次序是与转子转角同步的,因而与逆变器一起,起着与有刷直流电动机的机械换相器和电刷相类似的作用。位置传感器种类较多,特点各异。

(1) 电磁式位置传感器

电磁式位置传感器是利用电磁效应来测量转子位置的,有开口变压器、铁磁谐振电路、接近开关电路等多种类型。电磁式位置传感器具有输出信号大、工作可靠、寿命长、对环境要求不高等优点,但这种传感器体积较大,信噪比较低,同时,其输出波形为交流,一般需经整流、滤波方可使用。

（2）光电式位置传感器

可以用绝对式编码器或增量式编码器。

（3）磁敏式位置传感器

磁敏式位置传感器是利用某些半导体敏感元件的电参数按一定规律随周围磁场变化而变化的原理制成。其基本原理是霍尔效应和磁阻效应。目前,常见的磁敏式传感器由霍尔元件或霍尔集成电路、磁敏电阻和磁敏二极管等。一般来说,这种器件对环境适应性很强,成本低廉,但精度不高。

3. 电子换向

电子换向电路由功率变换电路和驱动控制电路两大部分组成,它与位置检测器相配合,去控制电动机定子各相绕组通电的顺序和时间,起到换向相类似的作用。当系统运行时,功率变换器接受控制电路的控制信息,将系统工作电源的功率以一定的逻辑关系分配给直流无刷电动机定子上各相绕组,以便使电动机产生持续不断的转矩。逆变器将直流电转换成交流电向电动机供电,与一般逆变器不同,它的输出频率不是独立调节的,而受控于转子位置信号,是一个"自控式逆变器",BLDC 由于采用自控式逆变器,电动机输入电流的频率和转速始终保持同步,电动机和逆变器不会产生振荡和失步,这也是 BLDC 的重要优点之一。

电动机各相绕组导通的顺序和时间主要取决于来自位置检测器的信号,但位置检测器所产生的信号一般不能直接用来驱动功率变换器的功率开关元件,往往需要经过控制电路一定逻辑处理、隔离放大后才能去驱动功率变换器的开关元件。驱动控制电路的作用是将位置传感器检测到的转子位置信号进行处理,按一定的逻辑代码输出,去触发功率开关管。

5.4.2　无刷直流电动机在电动自行车上的速度伺服控制应用

电动自行车包括电池、控制系统、传动系统、电动机四大块。电动自行车的电动机目前较为成熟的有两大类:一类是带减速齿轮的有刷电动机,有盘式结构和圆柱结构两种;另一类是不带减速齿轮的直接驱动的无刷直流电动机。而无刷直流电动机因其无电刷和机械换向器,不需要减速装置,噪声低等优点,被广泛应用于电动自行车中。

目前,电动自行车的驱动方式主要为轮毂式电动机直接驱动。图 5-23 为轮毂式无刷直流电机的结构原理图。

由于电动机转子采用高效的稀土永磁材料代替励磁绕组,因而,无刷直流电动机驱动的电动自行车运行效率较高。

1. 控制方案的选择

应用蓄电池为电动自行车动力系统及控制系统提供能量,目前电动自行车用蓄电池基本是经济实惠的铅酸电池。电动自行车电控系统如图 5-24 所示。

无刷直流电动机的控制器主要完成以下几个功能:

（1）对转子位置检测装置输出的信号、速度信号、刹车信号等进行逻辑综合,为驱动电路提

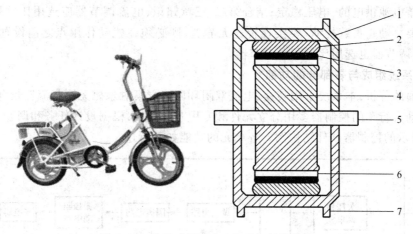

图 5-23 轮毂式无刷直流电动机的结构图

1. 轮毂 2. 转子铁心 3. 磁钢 4. 定子铁心 5. 轴 6. 定子绕组 7. 轴承

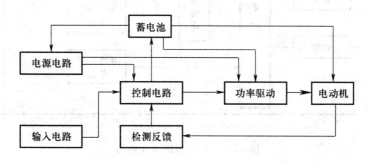

图 5-24 电动自行车控制系统框图

供各开关管的斩波信号和选通信号,实现电动机的正反转和停车控制。

(2)产生 PWM 调制信号,使电动机的电枢电压随给定速度信号而自动变化,实现电动机调速。

(3)对电动机进行速度闭环和电流闭环调节,使系统具有较好的动、静态性能。

(4)实现短路、过流、欠电压等故障保护功能。

为使电动机在最大电流约束条件下实现最佳启动并在到达稳态转速后能使转速恒定,静态误差尽可能小,这就要求电流负反馈和转速负反馈分别在电动机起动和恒速阶段起主要作用。因此采用两个调节器,分别调节转速和电流,构成了转速电流双闭环调速系统。

为使电动机在最大电流约束条件下实现最佳起动就要求电流环保持电动机电枢电流在动态过程中不超过允许值,即在突加给定时超调量越小越好;在稳态情况下,则要求电流环无静差以获得理想的堵转特性;电流环的另一作用是对电网电压波动进行及时调节,但是,电动自行车调速系统是以蓄电池供电的,电压稳定;结合第二、三章知识,电流调节器应选用比例积分调节器。转速环的主要扰动是负载扰动,要实现转速无静差,则必须在扰动作用点之前设置一个积分环节,因此转速调节器也选用比例积分调节器。

2. 控制系统组成与各部分的功能

根据前面的分析,本系统采用转速、电流双闭环调速方案对永磁无刷直流轮毂电动机进行调速。目前电动自行车的控制器多用分立元件和专用芯片制成,根据设计任务和调速方案,可以绘出图 5-25 所示的控制器硬件结构图。各单元的功能如下所述。

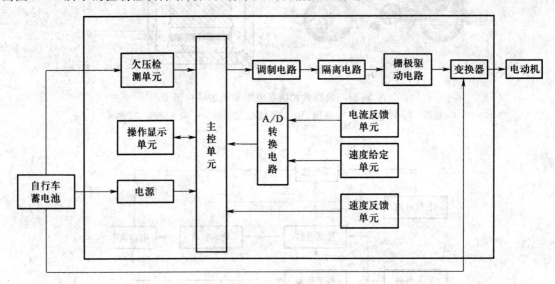

图 5-25　控制器硬件结构图

(1) 主控单元:实现信号的采集与控制。(2) 速度给定单元:调节自行车速度的给定值。(3) 电流反馈单元:测量轮毂式电动机电枢的瞬时电流,用于电流反馈。(4) 速度反馈单元:测量轮毂式电动机的转速,用于速度反馈。(5) 模数转换单元:把转速给定信号和电流测量信号转换成数字信号,输入给主控单元。(6) 操作显示单元:显示自行车的给定速度和瞬时速度,按键用于紧急刹车。(7) 功率驱动单元:由调制器、隔离电路、栅极驱动电路和变换器组成,其作用是根据调节器输出数值产生相应宽度的 PWM 波,并对其进行放大,然后驱动电动机运转。(8) 欠压保护单元:监测蓄电池的放电电压,当放电电压下降到 32 V 时,切断电源,使蓄电池不因过度放电而损坏。(9) 直流电源;为系统提供 5 V 和 +15 V 直流电源,为电动机提供 36 V 直流电源。(10) 电动机:电动自行车的驱动装置,为 36 V、250 W 轮毂式无刷直流电动机。

5.5　直线电动机伺服控制

早在 1845 年,Wheatstone 提出了直线电动机的概念。20 世纪 50 年代中期,控制、材料技术的飞速发展为直线电动机的应用提供了技术基础。直至 20 世纪 90 年代,随着机床向高速化、精密化方向的发展,直线电动机开始被用于机床伺服系统中,并且发展迅速。

所谓直线电动机(Linear Motor)就是将旋转电动机的定子和转子以及气隙展开成直线状,使电能直接转换成直线机械运动的一种推力装置的总称。原来旋转电动机中的定子和动子分别演变为直线电动机中的初级和次级,旋转电动机中的径向、周向和轴向,在直线电动机中对应地称为法向、纵向和横向。

1. 直线电动机的分类和应用

直线电动机的种类按结构形式可分为:平板形、圆筒型(管型)、圆盘型和圆弧型;按工作原理可分为:直流、感应、同步、步进和混合式直线电动机。应用较广的是感应式直线电动机和永磁同步直线电动机。

(1) 感应式直线电动机

它可视为将旋转式感应式电动机的定子沿径向切开并将其拉直,且用一导电金属板代替转子。感应式直线电动机有平板形和圆筒形两种结构。直线行程小于 0.5 m 的场合,一般倾向于采用圆筒形。行程较长的感应式直线电动机通常采用平板形。平板形又分为单边式和双边式,次级通常都为笼型。一般将具有三相绕组的初级作为动子,次级鼠笼作为定子,两者之间大约有 1 mm 的气隙。

(2) 永磁同步直线电动机

直线同步电动机也有平板形和圆筒形两种结构。通常将具有三相绕组的初级做成动子,次级的永磁体作为静子,借助于支撑系统,动子和静子之间保持恒定的气隙。用于推力或位置控制的平板形直线电动机,其运行行程可达 3 m 以上。

这两种直线电动机由于结构的不同,其发展和应用也不相同。由于对感应式直线电动机的研究较早,其结构简单,坚固耐用,适应性强,成本低,所以率先在各个领域获得应用。但是前一时期大多数的应用都是将感应式直线电动机作为动力转换装置而使用的,控制性能简单,控制精度要求低,控制器通常由开关和简单的模拟调速构成。随着高性能永磁材料的发展和价格的降低,永磁同步直线电动机在许多小功率设备中得到了广泛的应用,主要是在各种设备中作为伺服驱动和精度较高的定位控制。

2. 永磁同步直线电动机的结构

根据永磁体的安装位置,永磁同步直线电动机分为表面磁极型(Surface Permanent Magnet)和内部磁极型(Interior Permanent Magnet)。用于伺服目的的永磁同步直线电动机一般采用表面磁极的结构,其凸极效应很弱,气隙均匀且有效气隙大。以单边平板形永磁同步直线电动机为例,其结构是在定子上沿全行程方向的一条直线上,一块接一块地安装 N、S 永磁体(永磁材料为钕铁硼),如图 5-26 横向剖面图所示。而动子下方的全长上,对应地安装电枢绕组(永磁同步旋转电动机则是转子上安装永磁体,定子上含有电枢绕组)。动子带电缆一起运动,光栅尺安装在定子上。

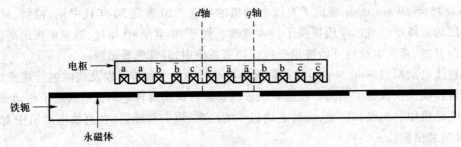

图 5-26　单边平板型永磁同步直线电动机的剖面图

3. 永磁同步直线电动机的基本工作原理和控制思想

如图 5-27 所示为一永磁同步直线电动机工作原理示意图。在这台永磁同步直线电动机动子的三相绕组中通入三相对称正弦电流后,产生沿纵向方向正弦分布的气隙磁场,当三相电流随时间变化时,气隙磁场将按交流电的相序沿直线定向移动,这个平移的磁场称为行波磁场。显然,行波磁场的移动速度与旋转电动机在定子内圆表面上的线速度(称为同步速度)是一样的。对于永磁同步直线电动机来说,永磁体的励磁磁场与行波磁场相互作用便会产生电磁推力。在这个电磁推力的作用下,由于静子固定不动,那么动子就会沿行波磁场运动的相反方向作直线运动。这便是永磁同步直线电动机的基本工作原理。

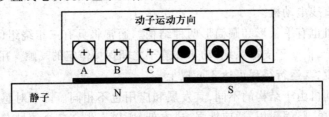

图 5-27　永磁同步直线电动机的工作原理

4. 直线电动机进给系统的闭环控制结构

直线电动机进给控制系统同样采用"三环"控制,即位置调节、速度调节和电流调节三部分,其闭环控制简图如图 5-28 所示。控制系统设计分析方法参考旋转式永磁同步电动机伺服系统的设计。

系统输入为上位机发送的位置指令,输出为直线电机的位移。其过程为上位机发出位置指令与位置检测装置反馈值比较后,经接口电路转换放大成为控制速度的给定信号,速度给定信号同速度反馈值比较后转换为电流给定信号,电流给定信号经过电流环调节后成为驱动直线电动机的电流,直线电动机通电,电磁转换产生推力来推动工作台及负载运动。

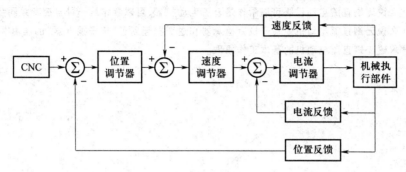

图 5-28　直线电机伺服系统结构

5. 直线电动机在磁悬浮列车中的应用

直线电动机是一种新型电机,近年来应用日益广泛。磁悬浮列车就是用直线电机来驱动的。一般的列车,由于车轮和铁轨之间存在摩擦,限制了速度的提高,它所能达到的最高运行速度不超过 300 km/h。磁悬浮列车是将列车用磁力悬浮起来,使列车与导轨脱离接触,以减小摩擦,提高车速。列车由直线电动机牵引,直线电动机的一个级固定于地面,跟导轨一起延伸到远处;另一个级安装在列车上。初级通以交流,列车就沿导轨前进。列车上装有磁体(有的就是兼用直线电动机的线圈),磁体随列车运动时,使设在地面上的线圈(或金属板)中产生感应电流,感应电流的磁场和列车上的磁体(或线圈)之间的电磁力把列车悬浮起来。悬浮列车的优点是运行平稳,没有颠簸,噪声小,所需的牵引力很小,只要几千千瓦的功率就能使悬浮列车的速度达到 550 km/h。悬浮列车减速的时候,磁场的变化减小,感应电流也减小,磁场减弱,造成悬浮力下降。悬浮列车也配备了车轮装置,它的车轮像飞机一样,在行进时能及时收入列车,停靠时可以放下来,支撑列车。要使质量巨大的列车靠磁力悬浮起来,需要很强的磁场,实用中需要用高温超导线圈产生这样强大的磁场。

思考题与习题

5-1　位置伺服系统在数控机床中的作用是什么?数控机床对伺服系统提出了哪些基本要求?

5-2　伺服系统按控制方式划分,可以分为哪几类?

5-3　数控机床对位置检测元件的主要要求有哪些?

5-4　简述光栅的特点、结构及工作原理。

5-5　对于 PMSM,是怎样将其变换为一台等效的直流电动机的?

5-6　永磁同步伺服电动机伺服系统主要由哪几部分构成?

5-7　永磁同步伺服电动机伺服系统三环控制主要包括哪几部分,它们各自的作用是什么?

5-8　在 PMSM 矢量控制中,若定子电流分量分别为 i_d 和 i_q,试写出定子三相电流的表达式。

5-9　无刷直流电动机伺服系统主要由哪几部分组成？试说明各部分的作用及它们之间的相互关系。

5-10　为什么说无刷直流电动机既可以看作是直流电动机，又可以看作是一种自控变频同步电动机系统？

5-11　为什么说无刷直流电动机中转子位置检测器和逆变器起到了"电子换向器"的作用？

5-12　试述永磁无刷直流电动机的基本工作原理。

第6章　多轴运动控制系统

6.1　多轴运动控制系统设计分析

本章介绍多轴运动控制系统。在实际工业应用中,伺服系统可以用于单轴的控制,更多是用于对多个伺服轴的控制,多轴运动控制系统在制造设备加工、轧钢、有色金属轧制、造纸等工业领域中都有非常广泛的应用。这些轴既可以是单个维度上的多个轴,也可以是多个维度上的多个轴。为完成复杂的运动控制任务,这些控制轴必须相互配合、协调运作。因此多轴运动控制系统存在着多个运动轴的协调控制问题。

6.1.1　多轴运动控制系统典型结构

从结构上看,一个典型的多轴运动控制系统通常包含上位计算机、运动控制器、驱动器、电动机、执行机构、反馈装置等几个部分。典型的多轴运动控制系统结构图如图 6-1 所示。

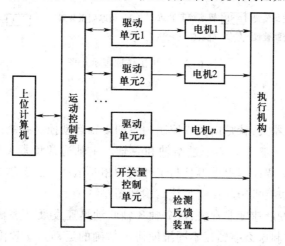

图 6-1　多轴运动控制系统构成

上位计算机负责系统管理、人机交互和任务协调等上层功能。运动控制器则根据工作要求和传感器返回的信号进行必要的逻辑/数学运算,将计算结果以数字脉冲信号或者模拟信号的形式输送到各个轴的驱动器中。

本章以两个典型的多轴运动控制任务场景起步,逐步建立和完善多轴运动控制系统的特征概念。

（1）轧钢系统

在当今轧钢生产体系中,多轴运动控制系统占据着重要的角色。轧钢的生产需要经过粗轧、精轧、冷轧等多道工序才能达到精度要求。其中每一道工序工件又要经过多个轧辊的滚压,各个轧辊的辊缝和速度各不相同,而这么多轧辊的位置和速度的控制就是靠多轴运动控制系统来完成的。图 6-2 是轧钢生产过程的示意图。

在轧钢生产的多轴控制中,重点关注的是各个控制轴的转速,这类以调速控制为主的多轴控制系统还有不少。同时,还有一些多轴控制系统不但需要关注控制轴的速度,更需关注控制对象的位置,这类以位置控制为主的多轴运动控制系统在工业生产中的应用也非常广泛。

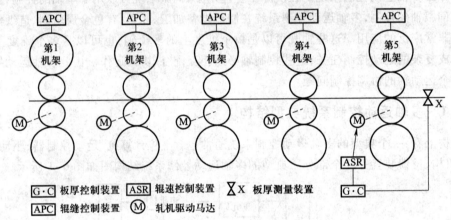

图 6-2　轧机工作原理示意图

（2）数控加工系统

数控机床和工业机器人,就是以位置控制为主的多轴运动控制系统的典型代表。

最常见的数控机床一般具有多个进给轴和主轴。主轴通常负责夹持刀具或是被加工的工件,而多个伺服进给轴协调控制提供刀具与工件间的相对运动。加工越复杂的异形件,如叶片与叶轮,进给轴数越多。数控机床的控制系统结构如图 6-3 所示。

目前,数控机床的发展速度非常快,从 2 轴 3 轴联动迅速发展到多轴联动,最高的联动轴数已经高达数十轴。要控制这么多轴在不同维度协调精确的运动是比较困难的。因此,多轴协调控制策略的研究显得尤其重要。

6.1.2　系统分析

要合理的设计多轴运动控制系统,必须对构成系统的各个部分进行分析,然后综合选优。

（1）明确控制对象。本案所举两例中,轧钢系统的控制目的,是通过协调控制各轧辊电动机的速度和轧机上下辊的辊缝,以保证所轧钢板厚度均匀,故轧钢控制系统采用的是闭环控制系

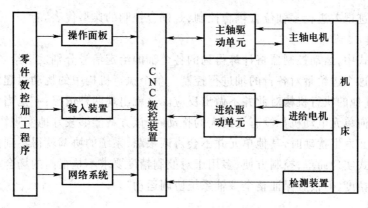

图 6-3　数控机床控制系统简图

统,控制和测量对象是钢板厚度。数控的多个伺服轴的测量对象大多为工件尺寸或者电动机转角,采用的大多是闭环或半闭环控制系统。

（2）控制系统部件方案选择。这其中包含了运动控制器的选择,执行器及其驱动器的选择,检测传感器的选择和机械部件、传动机构的选择等。

① 运动控制器的选择。运动控制器的选择是方案的核心。它为实现运动控制提供了一个基础平台,在这个平台上可以实现对执行器的控制。现今,可采用的运动控制器形式众多,有基于 PLC 的运动控制器、基于 DSP 和 FPGA 的运动控制器、专用数控控制器、由通用计算机上软件实现的软控制器等。运动控制器具备以下的功能:

a. 能对各伺服电动机进行位置、速度闭环控制;完成各调节器的计算,各轴电动机的运动量分配及协调控制等功能。

b. 具网络通讯功能,运动控制器可以实现与计算机之间的网络通信。内容包括伺服运动控制器从上位机读取控制指令以及向上位机发送系统的运动位置信息、状态信息等。

② 执行器及其驱动器的选择。运动控制系统执行器主要是各种执行电动机。位置控制用电动机一般包括步进电动机、交直流伺服电动机等。随着科技的发展,近些年来,交流电动机在控制系统中应用越来越广。

③ 检测传感器的选择。常见的速度和位移传感器有光电/磁编码器、光栅、旋转变压器、感应同步器等。

6.1.3　多轴控制策略选择

多轴系统是非线性、强耦合的多输入多输出系统。

多轴协调运动的控制策略主要有两大类:一类是跟随控制,通过减小单轴跟随误差、提高单轴动态性能,间接提高多轴协同运动精度;另一类称为耦合控制,将多轴之间的运动同步误差作为控制指标,直接实施闭环控制,达到提高多轴协同运动精度的目的。数控领域中的轮廓控制,直接针对轮廓轨迹误差进行多轴位置耦合控制,是耦合控制的典型代表。

1. 跟随控制

跟随控制方式中,运动控制器将计算得到的各个轴的给定信号分别发送给各个伺服控制器,伺服控制器根据这个进给量对各自的轴进行控制。单个执行机构中的扰动引起的误差仅仅由它自身去纠正,而其他的执行机构对此并不做出反应。这就出现两种情况:一是当各个单元的跟随性能相似而且任何单元电动机都没有受到大的扰动时,该方案能够较好地实现协调功能;另一种情况是当某一单元发生扰动时,其他单元并不会协调跟踪,系统的协调就得不到保证。

跟随控制方式实现简单,控制方便,多用于对控制精度要求不是很高的场合。它虽然可以保证单根轴的跟踪精度,但很难保证整个多轴系统协调运动。

2. 耦合控制

耦合控制的基本思想是:在控制某一个轴的运动时,将其他轴的影响引入到该轴的控制中达到各轴协调的效果,不仅考虑了传统的非同步控制中每单个执行机构的位置跟踪误差,而且还包括各轴之间的位置同步误差。

多轴系统所采用的耦合控制方法可分为两大类。第一类是主从式同步控制,即某一运动轴作为主动轴,其他轴作为从动轴,在每个控制周期,所有从动轴通过控制网络接收主动轴的实际位置值作为自己的位置给定值,也可由运动控制器作为"虚拟主轴"产生位置给定值,从而实现电子齿轮、电子凸轮等功能。第二类是平衡式同步控制,系统没有设定一个主动轴,系统中的每根轴既是主动轴,也为从动轴,各轴之间相互同步,与主从式同步控制相比,平衡式控制实现较为复杂。

6.2　基于 PC 的多轴运动控制系统

在数控系统设计中,大多采用专用数控控制器或基于 PC 的运动控制系统。

基于 PC 的运动控制系统通常是 PC 机结合运动控制器的上下位机控制结构。采用 PC+运动控制器的体系结构,既可充分利用计算机资源,又保证控制的实时性要求。运动控制器中的专用 CPU 与 PC 机中的 CPU 构成主从式双 CPU 控制模式。PC 机 CPU 可以专注于人机界面、状态监控和发送指令等系统管理工作;运动控制器专用 CPU 处理所有运动控制的细节,如升降速计算、行程控制、多轴插补等,无需占用 PC 机资源。

基于 PC 的运动控制系统基本结构由硬件系统和软件系统两大部分组成,其基本结构如图 6-4 所示。

6.2.1　多轴运动控制器

目前,通用运动控制器从结构上主要分为如下三大类。

(1) 基于计算机标准总线的运动控制器。这种运动控制器可完成运动规划、高速实时插补、伺服滤波控制和伺服驱动等功能,与外部 I/O 之间形成标准化通用接口。它开放的函数库能够

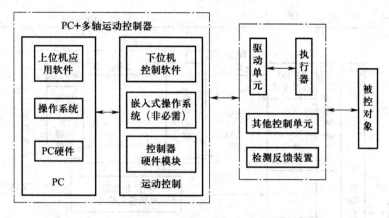

图 6-4 基于 PC 的运动控制系统基本结构

使用户根据不同的需要在 DOS 或 Windows 等平台下开发应用软件,组成各种控制系统。目前这种运动控制器得到了广泛的应用。

(2) Soft 型开放式运动控制器。它提供给用户更大的灵活性,它的运动控制软件全部装在计算机中,而硬件部分仅仅是计算机与伺服驱动和外部 I/O 之间的标准化通用接口。用户可以在 Windows 平台和其他操作系统的支持下,利用开放的运动控制内核,开发所需要的控制功能,构成各种类型的高性能运动控制系统,从而提供给用户更多的选择和灵活性。Soft 型开放式运动控制的特点是开发、制造成本相对较低,并能给予开发人员更加个性化的开发平台。

(3) 嵌入式结构的运动控制器。这种运动控制器是把计算机嵌入到控制器中的一种产品,它能够独立运行。运动控制器与计算机之间的通讯依靠计算机总线,实质上是基于总线结构的运动控制器的一种变种。对于标准总线的计算机模块,这种类型的控制器采用了更加可靠的总线连接方式,更加适合工业应用。

运动控制器提供了丰富的运动控制函数库,如单轴运动、多轴独立运动、多轴插补运动等。另外,为了配合运动控制系统的开发,还提供了一些辅助函数,如中断处理、编码器反馈、间隙补偿等函数,以满足不同的应用要求。

正是由于运动控制器的开放式结构,强大而丰富的软件功能,对于使用者来说进行二次开发的设计周期缩短了,开发手段增多了,针对不同的设备,其柔性化、模块化、高性能的优势得以被充分利用。

6.2.2　PC+运动控制器硬件方案

硬件系统由 PC 硬件平台和运动控制器硬件模块组成。无论是普通 PC 还是工业 PC,其硬件平台都是通用的。运动控制器硬件模块是为完成特定任务而附加到 PC 硬件平台上的功能模块。

图 6-5 为典型的运动控制系统硬件总体方案。该方案由 PC 机、运动控制器、伺服单元、外部辅助器件和配电系统组成。

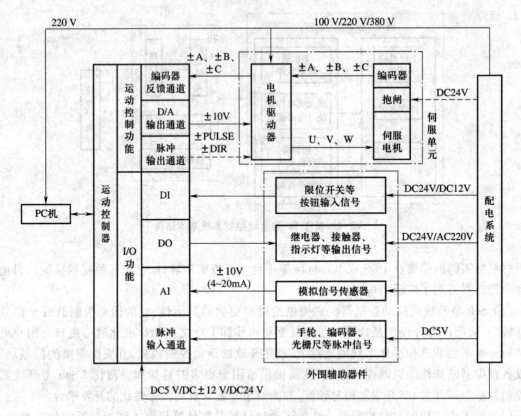

图 6-5　基于 PC 的运动控制系统硬件总体方案

PC 机通过通信总线与运动控制器进行通信。常用的通信接口有 PCI/ISA 接口、USB 接口、RS 2321485 接口、PC104 总线接口等。

运动控制器的功能可分为运动控制功能和 I/O 功能两大部分。运动控制功能部分通过编码器反馈通道、D/A 输出通道以及脉冲输出通道与驱动控制器与伺服电动机构成控制回路。整个运动控制系统中所涉及的外部辅助器件,如限位开关、行程开关、编码器、光栅尺以及继电器、接触器、信号指示灯等都与运动控制器的 I/O 功能部分相连接。

运动控制器在运动控制系统中处于核心地位,它的性能好坏对整个控制系统具有决定性作用。目前常用的运动控制器有美国 Delta Tau 公司的 PMAC,美国 Gailio 运动控制器及中国固高公司的运动控制器等。

6.2.3　软件系统设计

软件系统包括 PC 操作系统和应用软件两大部分。PC 操作系统属于系统软件,是通用的,可从市场上选购。应用软件由完成控制任务的各种信息处理软件模块和控制软件模块组成,具有很强的针对性,需由运动控制系统设计者自行开发。

1. 运动控制软件简介

运动控制(Motion Control—MC)软件的主要任务就是将运动程序表达的运动信息转换成各个进给轴的位置指令和辅助动作指令,进而来控制设备的运动轨迹和逻辑动作。不同的 MC 装置,其功能和控制方案也不同,因而各系统软件在结构上和规模上差别较大,厂家的软件各不兼容。现代运动控制设备的功能大都能采用软件来实现,所以,系统软件的功能设计是 MC 系统的关键。

运动控制软件是按照事先编制好的控制程序来实现各种控制的,而控制程序是根据用户对 MC 系统所提出的各种要求进行设计的。在设计系统软件之前必须细致的分析被控对象的特点和对控制功能的要求。在确定好控制方式、计算方法和控制顺序后,将其处理顺序用框图描述出来,使系统设计者对所设计的系统有一个明确而又清晰的轮廓。

在运动控制系统中,软件和硬件在逻辑上是等价的,即由硬件完成的工作原则上也可以由软件来完成,但是它们各有特点:硬件处理速度快,造价相对较高,适应性差;软件的设计灵活、适应性强,但是处理速度慢。因此,在 MC 系统中软硬件的分配比例是由性价比决定的。

2. 运动控制系统软件的结构特点

运动控制系统软件的结构特点主要包括系统的多任务性和并行处理。作为一个独立的数字控制器应用于工业自动化生产中,其多任务性表现在它的管理软件必须完成管理和控制两大任务。其中系统管理包括输入、I/O 处理、通信、显示、诊断以及运动程序的编制管理等。系统的控制部分包括译码、预处理、速度处理、插补和位置控制等,如图 6-6 所示。

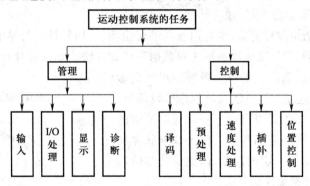

图 6-6 运动控制任务分解

3. 典型的软件结构类型

运动控制系统的基本功能是由各种功能程序实现的,不同的软件结构对这些子程序的安排方式不同,管理的方法亦不同。目前运动控制系统的软件主要采用三种典型的结构形式:一是前后台型软件结构;二是中断型软件结构;三是基于实时操作系统的软件结构。

(1) 前后台型软件结构。前后台软件结构将运动控制系统整个控制软件分为前台程序和后台程序。

前台程序是一个实时中断服务程序,实现插补、位置控制及设备开关逻辑控制等实时功能;

后台程序又称为背景程序,是一个循环运动程序,实现预处理、人机对话、管理等功能。前后台程序相互配合完成整个控制任务。

　　(2) 中断型软件结构。中断型软件结构除了初始化程序外,把控制程序安排成不同级别的中断服务程序,整个系统是个大的多重中断系统。系统的管理功能主要通过各级中断服务程序之间的通信来实现,在中断型运动控制系统中,插补、进给、数据的输入输出显示、磁盘数据的读取等任何一个动作或功能都由相关的中断程序来实现。

　　(3) 基于实时操作系统的软件结构。实时操作系统作为操作系统的一个重要分支,除具备通用操作系统的功能外,还应该具备任务管理、多种实时任务的调度机制、任务之间的通信机制等功能。对于在实时操作系统基础上开发的软件结构,要扩展和修改系统功能十分方便,只需将编写好的任务模块挂到实时操作系统上,再按系统的要求进行编译即可。所以采用基于实时操作系统的软件结构,系统的开放性和可维护性更好。

6.2.4　轨迹控制原理

　　运动控制系统轮廓控制的主要问题,就是怎样根据来自存储器的运动信息来控制机械运动部件的运动轨迹。一般情况是已知运动轨迹的起点坐标、终点坐标、曲线类型和走向,由运动控制系统实时地算出各个中间点的坐标。即需要"插入"、"补上"运动轨迹各个中间点的坐标,通常称这个过程为"插补"。插补的结果是输出运动轨迹的中间点坐标值,位控系统根据此坐标值控制各坐标轴相互协调运动,走出预定轨迹。

　　目前插补工作一般由软件完成,也有用软件进行粗插补,用硬件进行精插补的运动控制系统。软件插补方法分为两类,即基准脉冲插补法和数据采样插补法。基准脉冲插补法是模拟硬件插补的原理,即把每次插补运算产生的指令脉冲输出到伺服系统,以驱动机械部件运动。该方法插补程序比较简单,但由于输出脉冲的最大速度取决于执行一次运算所需的时间,所以进给速度受到一定的限制。由于基准脉冲插补法在进给速度方面受到一定的限制,因此目前多轴运动控制系统普遍采用数据采样插补法。

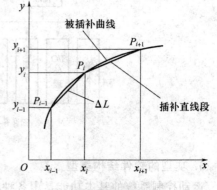

图 6-7　插补轨迹

　　数据采样法的基本思想是进行时间分割,根据编程进给速度,将轮廓曲线分为采样周期的进给段,即"轮廓步长"。插补程序在每一个采样周期中算出在一个轮廓步长里零件的轮廓曲线在各个坐标轴的增长段,即理论上需要传递给坐标轴的进给量。下面以数字方式下的数据采样插补方法为例说明多轴运动控制系统中轨迹控制的基本原理。

　　数据采样插补方法在每一插补周期中,用直线段 ΔL 逼近被插补曲线,由此求得插补点序列,如图 6-7 所示。

　　图中 ΔL 的长度表示了一个插补周期 ΔT 中插补点沿插补轨迹的移动距离。将直线段 ΔL 投射到各坐标轴上即可得到一个插补周期中各坐标轴的位移增量 Δx、Δy、Δz。因为当前插补点的坐标值是上一插补点坐标值与位移增量之和，即 $x_i = x_{i-1} + \Delta x$，$y_i = y_{i-1} + \Delta y$，$z_i = z_{i-1} + \Delta z$，所以数据采样插补也给出了指令轨迹上当前插补点 P_i 的坐标值 x_i、y_i、z_i。图 6-8 所示是图 6-7 中曲线经插补后分解到 x、y 坐标轴的数据序列，即坐标运动指令。

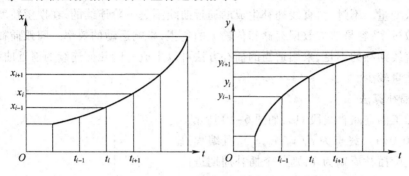

图 6-8　插补轨迹的分解

由图 6-8 可见，数据采样插补输出给各坐标轴的指令是不连续的指令序列，控制任务要求各坐标轴做连续运动。因此如何将不连续的控制信息转换为连续的坐标运动，便成为数据采样插补法实现中必须解决的关键问题。解决这一问题的关键就是基于离散控制原理的运动控制方式，这种只有离散控制环的系统结构如图 6-9 所示。

当输入指令序列设定规律变化时，坐标实际位移也将按同样的规律变化。这不仅指在各采样点上坐标实际位置与指令序列一致，而且可保证采样点之间的坐标运动也按相同的规律变化。实现这一运动的原因是，虽然位置环是按采样方式工作的，位置控制器仅在采样时刻获取输入信息和反馈信息，并输出离散的控制信号序列。但通过控制器后接的零阶保持器的作用，可将离散的控制信号序列转换为近似的连续控制信号 $U(s)$。此后，通过驱动单元动态特性的进一步平滑作用，所驱动的运动部件即可保持平稳的连续运动，使坐标点的运动从上一插补点平稳移动到当前插补点，由此即可实现两插补点间的平滑连接。

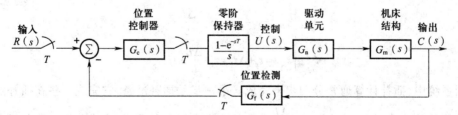

图 6-9　具有离散位置控制环的运动控制系统

6.2.5　轨迹插补基本方法

直线/圆弧插补是一般运动控制系统具有的基本功能和实现高精度控制的基本手段。直线插补原理简单,控制误差比较容易,通常采用曲率圆弧来近似估计误差以计算符合精度要求的插补直线段参数变量。不过,由直线插补生成的逼近曲线不是一阶连续的,在期望精度高的场合生成的插补点数过多,容易造成数据存储和传输上的负担,影响运动的效率。圆弧插补在一定程度上可以弥补直线插补的不足,采用适当的插补方法可以生成一阶几何连续的逼近曲线,并且生成的插补圆弧数量较少。

1. 线性插补算法

假设要加工的空间直线段 OE,如图 6-10 所示。

起点为 $(0,0,0)$,终点为 $E(x_0,y_0,z_0)$,且编程进给速度为 F。设插补周期为 T,则一个插补周期进给长度为 $\Delta L = FT$。根据几何关系可求得插补周期内各坐标轴对应的位移增量为

$$\begin{cases} \Delta x_i = \dfrac{\Delta L}{L}x_i = Kx_i \\[2mm] \Delta y_i = \dfrac{\Delta L}{L}y_i = Ky_i \\[2mm] \Delta z_i = \dfrac{\Delta L}{L}z_i = Kz_i \end{cases}$$

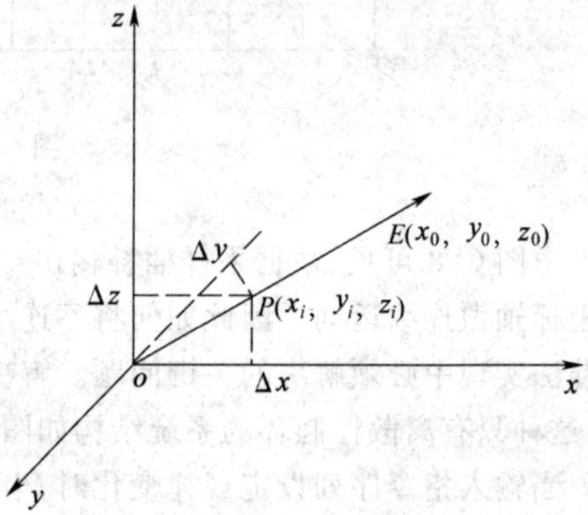

图 6-10　直线插补原理图

式中:L——直线长度,$L = \sqrt{x_i^2 + y_i^2 + z_i^2}$(mm);

　　K——每个周期内的进给速率数,$K = \dfrac{\Delta L}{L} = \dfrac{FT}{L}$。

从而很容易求得点 $P(x_{i+1}, y_{i+1}, z_{i+1})$ 的坐标值为:

$$\begin{cases} x_{i+1} = x_i + \Delta x_i = x_i + \dfrac{\Delta L}{L} \times x_i \\[2mm] y_{i+1} = y_i + \Delta y_i = y_i + \dfrac{\Delta L}{L} \times y_i \\[2mm] z_{i+1} = z_i + \Delta z_i = z_i + \dfrac{\Delta L}{L} \times z_i \end{cases} \tag{6-1}$$

运动控制系统中,插补计算通常分两步来完成。第一步是插补准备,它完成一些在插补过程中固定不变的常值的计算,如公式中的 $K = \dfrac{\Delta L}{L}$ 就是在插补准备中完成的,插补准备通常在每个程序段只运行一次。第二步是插补计算,它要求每个插补周期计算一次,并算出一个插补点 (x_i, y_i, z_i)。在直线插补中,采用的实用插补算法为:

(1)插补准备

$$K = \frac{\Delta L}{L} \tag{6-2}$$

（2）插补计算

$$\begin{cases} \Delta x_i = Kx_i \\ \Delta y_i = Ky_i \\ \Delta z_i = Kz_i \end{cases}$$

$$\begin{cases} x_{i+1} = x_i + \Delta x_i \\ y_{i+1} = y_i + \Delta y_i \\ z_{i+1} = z_i + \Delta z_i \end{cases} \tag{6-3}$$

由上面的分析可以看出，采用数据采样法进行插补时，算法相当简单，且插补轨迹与给定的直线重合，不会造成轨迹误差。

2. 二维圆弧插补计算

圆弧插补的基本思想是在满足运动精度的前提下，用直线段代替圆弧实现进给，即用直线逼近圆弧，逼近直线一般选用圆弧的内接弦线。圆弧插补的算法很多，这里讨论改进的二阶近似 DDA 插补算法。设要插补的圆弧为逆圆，半径为 R，恒定进给速度为 F，插补周期为 T，每次插补的进给步长为：

$$f = FT \tag{6-4}$$

则每次插补的角步距为：

$$\delta = \frac{f}{R}$$

插补点坐标为 $P_i(x_i, y_i)$ 为：

$$\begin{cases} x_i = R\cos\varphi_i \\ y_i = R\sin\varphi_i \end{cases}$$

φ_i 为 OP_i 与 X 轴的夹角。

插补点坐标为 $P_{i+1}(x_{i+1}, y_{i+1})$ 为：

$$\begin{cases} x_{i+1} = R\cos\varphi_{i+1} = R\cos(\varphi_i + \delta) \\ y_{i+1} = R\sin\varphi_{i+1} = R\sin(\varphi_i + \delta) \end{cases} \tag{6-5}$$

由于

$$\sin\frac{\delta}{2} = \frac{f/2}{R} = \frac{f}{2R}$$

$$\cos\frac{\delta}{2} = \frac{\sqrt{R^2 - \frac{1}{4}f^2}}{R} = \sqrt{1 - \frac{1}{4}\left(\frac{f}{R}\right)^2}$$

则

$$\sin\delta = 2\sin\frac{\delta}{2}\cos\frac{\delta}{2} = \frac{f}{R}\sqrt{1-\frac{1}{4}\left(\frac{f}{R}\right)^2}$$

$$\cos\frac{\delta}{2} = \sqrt{1-\sin^2\delta} = 1-\frac{1}{2}\left(\frac{f}{R}\right)^2 \tag{6-6}$$

若令

$$K = \frac{f}{R} = \frac{FT}{R}, K_1 = \frac{1}{2}K^2, K_2 = K\sqrt{1-\frac{1}{4}K^2}$$

则

$$\sin\delta = K_2$$
$$\cos\delta = 1-K_1$$

将以上两式代入

$$\begin{cases} x_{i+1} = R\cos\varphi_{i+1} = R\cos(\varphi_i+\delta) \\ y_{i+1} = R\sin\varphi_{i+1} = R\sin(\varphi_i+\delta) \end{cases}$$

则有

$$x_{i+1} = x_i - K_1 x_i - K_2 y_i$$
$$y_{i+1} = y_i - K_1 y_i + K_2 x_i$$

于是

$$\Delta x_i = x_{i+1} - x_i = -K_1 x_i - K_2 y_i$$
$$\Delta y_i = y_{i+1} - y_i = K_2 x_i - K_1 y_i \tag{6-7}$$

同理对于顺圆

$$\Delta x_i = x_{i+1} - x_i = -K_1 x_i + K_2 y_i$$
$$\Delta y_i = y_{i+1} - y_i = -K_2 x_i - K_1 y_i \tag{6-8}$$

6.3　基于 CAN 总线的多轴运动控制系统

6.3.1　CAN 现场总线

1. 基本介绍

CAN(Controller Area Network)即控制器局域网络。由于其高性能、高可靠性及独特的设计，CAN 越来越受到人们的重视。起初 CAN 总线主要应用于汽车行业，由于 CAN 总线本身的特点，其应用范围目前已不再局限于汽车行业，而向自动控制、航空航天、航海、机器人、数控机床、医疗器械及传感器等领域发展。CAN 已经形成国际标准，并已被公认为几种最具前途的现场总线之一。其典型的应用协议有：SAE J1939/ISO11783、CANopen、CANaerospace、DeviceNet、NMEA 2000 等。

CAN 属于总线式串口通信网络，由于采用了许多新技术及其独特的设计，与一般的总线相比,CAN 总线的数据通信具有突出的可靠性、实时性和灵活性,其特点概括如下。

(1) CAN 为多主方式工作,废除传统的站地址编码,代之以对通信数据块进行编码。网络上的任意一个节点均可在任意时刻主动的向网络上的其他节点发送信息,不分主从,通信方式灵活,且无须地址等节点信息,因此,可以方便地构成多级备份系统。

(2) CAN 网络节点在严重故障出现后可自动从网络上退出,避免对其他节点产生影响,所以在整个系统运行的过程中,在节点恢复后能自动连上,因此任何节点的损坏都不会导致整个系统的通信崩溃。

(3) CAN 网络上的节点信息分成不同的优先级,可满足不同的实时要求,高优先级的数据可在很短的时间内得到传输。

(4) CAN 采用非破坏性总线仲裁技术,当多个节点同时向总线发送信息时,优先级较低的节点会主动的退出发送,而最高优先级的节点可不受影响地继续传输数据,从而大大地节省了总线冲突仲裁时间。在网络负载很重的情况下也不会出现网络瘫痪的情况。

(5) CAN 网络具有点对点、一点对多点和全局广播等几种通信方式。

(6) CAN 直接通信距离最远可达 10 km(速率在 5 kbps 以下);通信速率最高可达 1 Mbps(此时通信距离最长 40 m)。

(7) CAN 上的节点数主要取决于总线驱动电路,目前可达 110 个;报文标识符可达 2 032 种(CAN2.0A),而扩展标准(CAN2.0B)的报文标志几乎不受限制。

(8) 采用短帧结构,传输时间短,受干扰概率低,具有很好的检错效果。

CAN 组成的总线系统一般模式如图 6-11 所示。

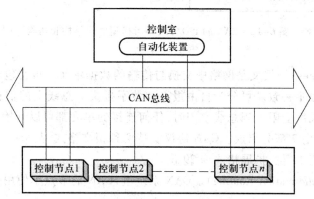

图 6-11 CAN 总线系统一般模式

2. 基本概念

(1) 依据 ISO/OSI 参考模型 CAN 的分层结构。CAN 遵从 OSI 模型,按照 OSI 标准模型,CAN 结构划分为两层:数据链路层和物理层。数据链路层又包括逻辑链路控制(LLC)子层和媒体访问控制(MAC)子层。CAN 的分层结构和功能如图 6-12 所示。

LLC 子层的主要功能是：为数据传送和远程数据请求提供服务,确认由 LLC 子层接受的报文已被实际接收,并为恢复管理和通知超载提供信息。

MAC 子层的功能主要是传送规则,即控制帧结构、执行仲裁、错误检测、出错标定和故障界定。

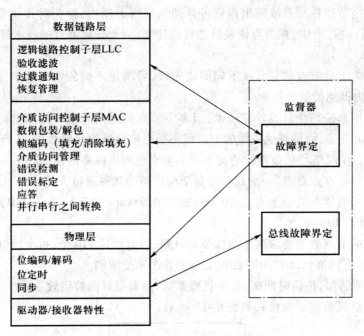

图 6-12　CAN 的 ISO/OSI 参考模型的层结构和功能

（2）报文（Messages）。报文是网络中交换与传输的数据单元。报文包含了将要发送的完整的数据信息,其长短很不一致。可分为自由报文和数字报文。总线上的信息由几个不同的固定格式的报文发送,但长度受限。当总线空闲时,任何连接的单元都可以开始发送新的报文。在总线中传送的报文每帧由 7 部分组成。CAN 协议支持两种报文格式,其唯一的不同是标识符（ID）长度不同,标准格式为 11 位,扩展格式为 29 位。

（3）信息路由（Information Routing）。CAN 系统里,CAN 的节点不使用任何关于系统结构的信息（比如站地址）。

（4）位速率（Bit Rate）。在一个给定的 CAN 系统里,位速率是一定的,并且是固定的。

（5）优先权（Priorities）。报文中的数据帧和远程帧都有标志符段,在访问总线期间,标识符确定了一个静态的报文优先权。当多个 CAN 单元同时传输报文发生总线冲突时,标识符码值越小的报文优先级越高。

（6）远程数据请求（Remote Data Request）。通过发送远程帧,需要数据的节点可以请求另一节点发送相应的数据帧。数据帧和相应的远程帧具有相同的标识。

（7）多主机（Multimaster）。总线空闲时，任何单元都可以开始发送报文。具有较高优先权的单元可以获得报文优先权。

（8）位仲裁（Bit Arbitration）。CAN 总线以报文为单位进行数据传送，报文的优先级结合在 11 位标识符中，具有最低二进制数的标识符有最高的优先级。这种优先级一旦在系统设计时被确立后就不能再被更改。总线读取中的冲突可通过位仲裁解决。

（9）安全性（Safety）。为了获得最安全的数据发送，CAN 的每一个节点均采取了具有强有力的措施来进行错误检测、错误标定和错误自测。

（10）错误标定和恢复时间（Error Signaling and Recovery Time）。任何检测到错误的节点会标识出损坏的报文。此报文会失效并将自动重新传送。如果不再出现错误，那么从检测到错误到下一报文的传送开始为止，恢复时间最多为 31 个位的时间。

（11）故障界定（Fault Confinement）。CAN 节点能够把永久故障和短暂的干扰区分开来。在节点故障出现时，对应节点会被关闭。

（12）连接（Connections）。CAN 串行通信链路是可以连接许多单元的总线。理论上，可连接无数个单元。但实际上，由于受延迟时间以及总线线路上电器负载能力的影响，连接单元的数量是有限的。

（13）单一通道（Single Channel）。总线由单一通道组成，它传输位流，从传输的数据中可以获得再同步信息。

（14）应答（Acknowledgment）。所有的接收器对接收到的报文进行一致性检查。对于一致的报文，接收器给予应答；对于不一致的报文，则由接收器做出标志。

（15）休眠模式/唤醒（Sleep/Wake-up）。为了减少系统电源的功率消耗，可以将 CAN 器件设为休眠模式以停止内部活动并断开与总线驱动器的连接。休眠模式可以由于任何总线的运作或系统内部条件而结束。唤醒时，在总线驱动器被重新设置为"接通总线"之前，内部运行就已重新开始。

（16）振荡器误差（Oscillator Tolerance）。为了满足 CAN 协议的整个总线速度范围，需要使用晶体振荡器。位定时的精度要求，允许在传输速率为 125 kbps 以内的应用中使用陶瓷振荡器。

6.3.2 控制系统构建

通过前面一节的介绍，对 CAN 总线已有初步的了解，CAN 就是总线型结构的一种适合工业现场自动控制的计算机局域网络。在网络的层级结构中，数据链路层和物理层是保证通信信息质量至关重要和不可缺少的部分，同时也是网络协议中最复杂的部分，CAN 控制器就扮演着这样的角色。

如图 6-13 所示，在基于 CAN 总线伺服运动控制系统控制结构中有两个显著的特点：控制对象为伺服运动控制对象；网络化控制器包括 CAN 总线通信媒介和 CAN 控制器节点两部分。每个 CAN 节点控制器都是由 CAN 总线通信媒介平行互连为一个单层结构的控制系统。

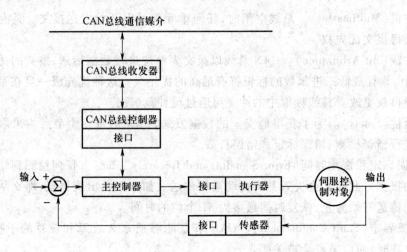

图 6-13　基于 CAN 总线伺服运动控制系统控制结构

CAN 控制器节点是系统的核心,它主要包括主控制器(单片机/DSP 等各种嵌入式系统或 PC 等台式计算机、控制算法软件)、传感器/执行器结构模块、CAN 总线控制接口模块、CAN 总线控制器、CAN 总线驱动器 5 个基本组成部分。

基于 CAN 总线控制系统的设计主要工作就在于 CAN 控制器节点的设计上,包括硬件和软件两方面。硬件设计主要是选择合适的硬件设备组成系统,软件设计的主要工作则是选择合适的系统软件和应用开发软件设计各种接口通信软件、系统管理软件和控制功能软件。

基于 CAN 总线的网络化运动控制系统体系结构原理图如图 6-14 所示。

控制系统由 PC、嵌入式运动控制器、伺服电动机和具有 CAN 总线接口的交流伺服驱动器组成。其核心部分是带有 CAN 总线接口的全数字交流伺服驱动器。上位主机通过接插支持 CAN 的通信适配卡获得对 CAN 总线的支持,负责对整个系统的运行和工作状态进行监视管理。CAN 卡上高性能嵌入式微处理器极大地减轻了主机通信负担,而且可以运行用户复杂的通信任务。

主机完成任务规划后,根据主从协议通过 CAN 总线向各个节点(多轴控制器、伺服驱动器和其他现场控制设备)发送指令信息,各节点解释指令后,进行相应流程。

6.3.3　系统主要硬件

如图 6-15 所示是基于 CAN 总线的运动控制系统硬件构成示例,电路主要由 3 部分组成:基于微处理器的主控制器、CAN 总线控制器 SJA1000、CAN 总线驱动器。

CAN 总线控制器在系统中处于核心位置。目前,一些知名的半导体厂商都生产 CAN 控制器芯片,其类型不外乎两种:独立的和与微处理器集成的。前者可以与多种类型的单片机、微机的各类标准总线接口进行接口组合,因而使用上比较灵活。后者在很多特定的情况下,使得电路设计简化而且紧凑。但是不管哪家产品,他们的设计和生产都是严格按照已制定的 CAN 规范和

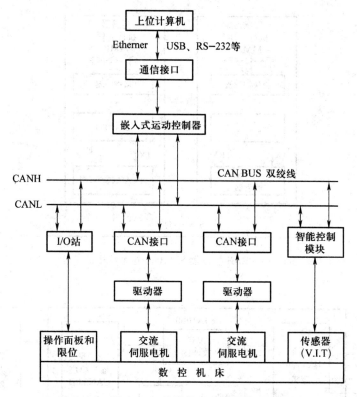

图 6-14　基于 CAN 总线的运动控制体系原理图

国际标准行事，因此，在系统的构建上基本上是一致的，图 6-15 中是 Philips 半导体公司的 SJA1000 控制器，这是一款典型的独立 CAN 控制器。CAN 控制器在现场总线系统中的位置和所起的作用如图 6-15 和图 6-16 所示。

　　为了增强 CAN 总线节点的抗干扰能力，SJA1000 的 TX0 和 RX0 并不是直接与总线驱动器 82C250 的 TCD 和 RXD 相连，而是通过高速光耦与 82C250 相连，这样就很好地实现了总线上各 CAN 节点间的电气隔离。

6.3.4　系统软件设计

　　对于现在绝大部分采用微处理器与 CAN 总线控制器接口的控制系统，软件主要包括三大部分：CAN 节点初始化、报文发送和报文接受。熟悉这三部分的程序的设计，就能编写出利用 CAN 总线进行通信的一般应用程序。当然，如果要将 CAN 总线应用于通信任务比较复杂的系统中，还需要详细地了解有关 CAN 总线错误处理、总线关闭处理、接收滤波处理、波特率参数设置和相关检测，以及 CAN 总线通信距离和节点数的计算方面的内容。这里只对这三个部分进行初步介绍。

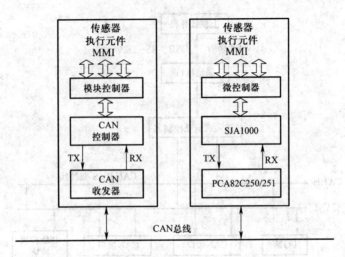

图 6-15　CAN 控制器 SJA1000 在系统中的位置

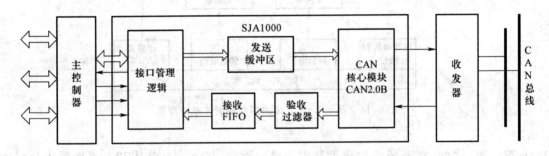

图 6-16　CAN 控制器 SJA1000 的模块结构

（1）初始化过程。初始化只有在复位模式下才可以进行,初始化主要包括工作方式的设置、接收滤波方式的设置、接收屏蔽寄存器(AMR)和代码寄存器(ACR)的设置、波特率参数和中断允许寄存器(IER)的设置等。在完成初始化设置以后,就可以回到工作状态,进行正常的通信任务。

（2）报文发送过程。发送子程序负责节点报文的发送。发送时用户只需将待发送的数据按特定格式组合成报文送入发送缓存区中,然后启动发送即可。当然,在发送缓存区报文之前,必须先作一些判断。发送程序分发送远程帧和数据帧两种。

（3）接收过程。接收子程序负责节点报文的接收以及其他情况处理。接收子程序比发送子程序要复杂一些,因为在处理接收报文的过程中,同时要对诸如总线关闭、错误报警、接收溢出等情况进行处理。报文的接收主要有两种方式:中断接收方式和查询接收方式。两种接收方式的编程思路基本相同,如果对通信的实时性要求不是很强,建议采用查询接收方式。

6.4 基于 PROFIBUS 总线运动控制系统

6.4.1 PROFIBUS 现场总线

PROFIBUS 是过程现场总线(Process Field Bus)的缩写。它是德国国家标准 DIN19245 和欧洲标准 EN50170 所规定的现场总线标准。目前世界上许多自动化技术生产厂家都在为它们生产的设备提供 PROFIBUS 接口。

PROFIBUS 根据应用特点分为三个兼容部分,即 PROFIBUS-DP、PROFIBUS-PA 和 PROFIBUS-FMS。由于运动控制系统应用主要是基于 PROFIBUS-DP 的结构,下面仅对 PROFIBUS-DP 作介绍。

1. PROFIBUS 总线特点

PROFIBUS-DP 的传输速率可达 12 Mbps,一般构成单主站系统,也支持多主站系统。主站和从站间采用循环数据传输方式工作。这种设计主要用于设备一级的高速数据传输,在这一级,中央控制器(如 PLC/PC)通过高速串行线与分散的现场设备(如 I/O、驱动器等)进行通信,与这些分散的设备进行的数据交换多数是周期性的。

主站决定总线的数据通信,当主站得到总线控制权(令牌)时,没有外界请求也可以主动发送信息。在 PROFIBUS 协议中主站也称为主动站。

从站为外围设备,它们没有总线控制权,仅对接收到的信息给予确认或当主站发出请求时向它发送信息。从站也称为被动站。由于从站只需总线协议的一小部分,所以实施起来特别经济。

2. PROFIBUS 总线协议结构

PROFIBUS 协议结构符合 ISO7498 国际标准制定的开放系统 OSI 参考模型。PROFIBUS 协议结构如图 6-17 所示。PROFIBUS-DP 只使用第 1、第 2 层和用户接口。

(1) PROFIBUS 第 1 层。第 1 层——PHY:第 1 层规定了线路介质、物理连接的类型和电气特性。PROFIBUS 通过采用差分电压输出的 RS-485 实现电流连接。在线性拓扑结构下采用双绞线电缆。在树形结构中还可能用到中继器。

(2) PROFIBUS 第 2 层。第 2 层有 3 个子层,分别为 MAC、FLC、FMA1/2。

第 2 层的介质存取控制(MAC)子层描述了连接到传输介质的总线存取方法。PROFIBUS 采用一种混合访问方法。由于不能使所有设备在同一时刻传输,所以在 PROFIBUS 主设备(masters)之间用令牌的方法。为使 PROFIBUS 从设备(slave)之间也能传递信息,从设备由主设备循环查询。

第 2 层的现场总线链路控制(FLC)子层规定了对低层接口(LU)有效的第 2 层服务,提供服务访问点(SAP)的管理与 LLI 相关的缓冲器。

第 2 层的现场总线管理(FMA1/2)层完成第 2 层(MAC)特定的总线参数的设定和第 1 层(PHY)的设定。FLC 和 LLI 之间的 SAPs 可以通过 FMA1/2 激活或撤销。此外,第 1 层和第 2 层

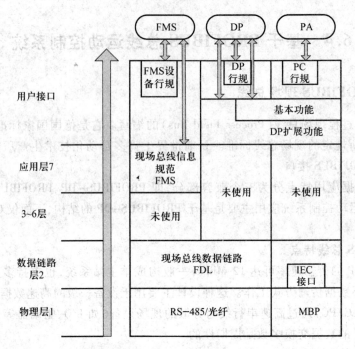

图 6-17　PROFIBUS 协议结构

可能出现的错误事件会传递到更高层（FMA7）。

（3）PROFIBUS ALI。它位于第 7 层之上的应用层接口（ALI），构成了到应用过程的接口。ALI 的目的是将过程对象转换为通信对象。转换的原因是每个过程对象都是由它在所谓的对象字典（OD）中的特性（数据类型、存取保护、物理地址）所描述的。

6.4.2　基于 PROFIBUS 的分布式运动控制系统

PROFIBUS 总线控制系统由主站和从站构成，主站又分为 1 类主站和 2 类主站。从站一般由多个分布传动点构成，其控制系统基本结构如图 6-18 所示。

图 6-18 中，控制系统由现场总线层（从站）、中间控制层（2 类主站）和系统管理和监控层组成。每台传动设备均以 PROFIBUS-DP 从站的形式接入 PROFIBUS 现场总线，每个从站都被分配一个唯一的 DP 从站地址。现场总线层主要完成现场数据的采集、传输和完成对交/直流驱动器的控制等。中间控制层一般由 PLC 或其他智能现场设备构成，它既是 PROFIBUS 主站，又是局域网子站。通过扩展总线，实现与现场层的控制器通信。系统管理与监控层通过与中间控制层通信来获取生产过程的数据，显示工艺流程、历史曲线、实时曲线、报警画面、生成数据库等，实现远程监控和决策。同时完成数据处理的任务，自动生成各种报表并打印输出，为管理人员了解总体生产状况、调整生产计划提供帮助。

图 6-19 是基于 PROFIBUS 现场总线的煤粉生产系统结构图。煤粉生产系统中用到大量的

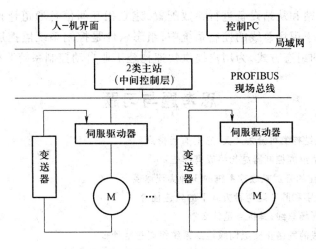

图 6-18　PROFIBUS 总线控制框图

电动机,用于各级输送带传动,磨煤机、选粉机、风机等的驱动。

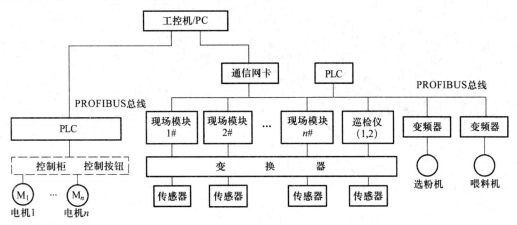

图 6-19　煤粉生产总线分布式控制系统结构图

系统采用工控机或 PC 作为上位机,也就是 PROFIBUS 总线结构中的 1 类主站,作为整个生产控制系统的监控和管理层,工控机/PC 通过智能通信网卡,如 CP5611 与 PROFIBUS 总线相连接。本系统采用 PLC 实现传动设备的远程控制和故障监测,也就是 PROFIBUS 总线系统结构中的 2 类主站,主要控制控制柜中的各个电路的通断。系统中的传感器、变频器属于 PROFIBUS 总线系统中的从站,通过远程模块与 PROFIBUS 总线连接。

对基于 PROFIBUS-DP 总线系统,通常会选择西门子的 S7-300 或 S7-400PLC 作为其中的 1 类主站。系统建立时,首先要进行硬件组态。硬件组态可由西门子的编程软件 STEP7 完成,并在组织块中对系统主站和从站设备进行参数配置,建立相互间信息通道连接。硬件组态也可以由组态软件完成。基于现场总线的控制系统中,组态软件是控制系统监控层一级的软件平台和开发环境,使用灵活的组态方式,为用户提供快速构建工业自动控制系统监控功能。

思考题与习题

6-1　运动控制器在结构上可分为几类,它们有何特点?

6-2　PC 运动控制系统的控制器结构组成有哪些?

6-3　简述 PC 微机化的开放式数控系统的 3 种实现途径。

6-4　试分析比较数字和脉冲这两种方式下的轨迹插补。

6-5　什么是 CAN 现场总线,其特点是什么?

6-6　基于 CAN 总线的网络化交流伺服控制系统组成包括什么?

6-7　控制器 SJA1000 是如何实现总线上各 CAN 节点间的电气隔离的?

6-8　CAN 的通信距离与什么有关?最大通信距离是多少?

第7章 典型应用系统分析

本章通过对数控系统、机器人、雷达伺服控制系统等典型运动控制应用系统的分析介绍,为初学者开阔视野,加深对运动控制系统的应用技术的认识。

7.1 数 控 系 统

7.1.1 数控机床原理及功能分析

数控机床是数字控制机床(Numerical Control Machine Tools)的简称,是指装备了数控系统,应用计算机对机床的加工过程进行自动控制的一类机床,它综合运用了机械制造、自动控制、信息处理与传输、传感测试、伺服驱动等多种现代化技术。数控加工中心(Numerical Control Machining Center)能进行自动换刀、自动更换工件,是一种独特的多功能高精、高效、高自动化的机床。

数控系统的运动控制技术主要包括主轴控制(调速或伺服)、伺服进给轴控制和多轴协调等,这些知识分别在第三章、第四章、第五章以案例形式结合相关知识进行了讲解。本章从系统角度综合分析数控系统的设计方案。

要进行系统设计,首先了解数控加工过程,数控加工过程包括以下步骤。

(1)信息输入:输入数控系统零件加工程序、控制参数和补偿数据等。

(2)译码:输入的程序段含有零件的轮廓信息(起点、终点、直线还是圆弧等)、要求的加工速度以及其他的辅助信息(换刀、换挡、冷却液开关等)。计算机依靠译码程序识别输入的程序信息,将加工程序翻译成计算机内部能识别的语言。

(3)数据处理:数据处理程序一般包括刀具补偿、速度计算和辅助功能的处理。刀具补偿包括刀具长度补偿和刀具半径补偿,刀具半径补偿是把零件轮廓转化为刀具中心轨迹。编程所给的刀具移动速度,是在各坐标合成方向上的速度,速度计算是根据合成速度计算各运动坐标方向的分速度。

(4)插补:插补通常根据给定的曲线类型(如直线、圆弧或高次曲线)、输入初值(起点、终点坐标值),运用一定的算法,在起点和终点之间进行数据点的密化。从而自动地对各个坐标轴进行位移分配,完成整个线段的轨迹运行,以满足加工精度的要求。插补是数控中最重要的计算任务,其算法和实现的方法影响加工速度和轨迹精度。目前主要有两类插补方法:一是脉冲增量插补;二是数字增量插补。

(5)位置伺服进给控制:在每个采样周期内,根据插补计算,得出实时位移信息,作为各进给伺服轴的位置给定指令,经过伺服系统,最终驱动机械执行部分,将插补器输出的位移信息转化为机床精确的进给运动。在位置控制中,通常还要完成位置回路的增益调整、各坐标方向的螺距误差补偿和反向间隙补偿,以提高机床的定位精度。伺服进给控制是数控系统关键技术,不仅对单个轴的运动速度和精度的控制有严格要求,而且在多轴联动时,还要求各移动轴有很好的动态配合,以保证曲面加工时的加工精度和表面粗糙度要求。

(6)主轴运动控制:主轴系统指的是机床上带动工件或刀具旋转的轴,通常由数控控制器(CNC)的PLC给出主轴速度指令,通过变频器应用变频调速技术对主轴电动机进行调速。数控机床的主轴驱动系统要能在主轴的两个转向中的任一方向都可以进行传动和加减速。此外,为使数控车床具有螺纹车削功能,要求主轴和进给驱动实现同步控制;而在加工中心上,为了自动换刀还要求主轴能进行高精度的准停控制;为了保证端面加工的表面质量,要求主轴具有表面恒线速切削功能。

(7)PLC控制:在数控系统中,PLC主要完成与逻辑运算有关的一些动作,它接受CNC装置的控制代码M(辅助功能)、S(主轴转速)、T(选刀、换刀)等顺序动作信息,对其进行译码,转换成对应的控制信号,提供主轴变频器所需指令信号,以及控制辅助装置完成机床相应的开关动作,如工件的夹紧与松开、刀具的更换、冷却、润滑系统的运行等进行的控制;同时接受主轴变频器、机床工作状态信号和故障信号。

(8)管理程序:系统管理程序的任务是协调整个CNC系统控制的运行,它执行面板操作命令,根据命令执行相应的控制程序。

7.1.2　系统总体设计和方案比较

要满足加工过程,整个数控系统由信息载体、数控装置CNC、主轴和进给伺服控制系统、机械本体和测量反馈装置五部分组成,如图7-1所示。系统设计包括控制系统体系结构设计、设备选型、电气连接设计和控制软件设计。

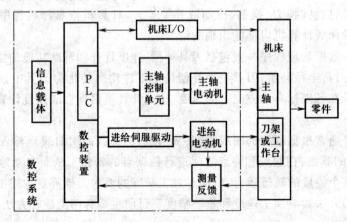

图7-1　数控加工系统构成

数控装置的构成目前一般采用专用结构(简称专机数控),或通用个人计算机(简称 PC 数控)。专用型结构的数控系统是由生产厂家专门设计和制造,这类系统具有较强的专业性,程序设计方便,通常采用数控标准 G 代码进行程序设计,但互换性和通用性较差,日本 FANUC 系统、德国 SIEMENS 系统、美国 A–B 系统均属此类专用结构。个人计算机式结构的数控系统中使用与 PC 机兼容和通用化的工业 PC,增扩由高速 DSP 等构成的运动控制器来完成控制,具有较强的运动控制和 PLC 控制能力。这类系统可以充分利用 PC 机的硬件集成度高、开发环境优越、技术资源丰富的特点和运动控制器的开放性特点,尤其是软件设计时,实时操作系统的上位软件和运动控制器下位软件的结合设计方式,使系统更具有柔性和开放性,但软件设计有些难度。

进给伺服驱动系统主要包括伺服驱动装置、执行件伺服电动机和检测反馈装置等。数控机床有多于 3 个的伺服轴,加工对象越复杂,伺服轴越多,每个伺服轴都配置一个伺服驱动器,驱动伺服电动机按要求运行,通过几个轴的综合联动,使刀具相对于工件产生各种复杂的机械运动,加工出所要求的复杂形状工件。进给伺服系统根据性价比可以应用直流伺服电动机、交流同步伺服电动机和步进电动机。在高性能数控机床进给伺服系统中普遍采用的是永磁同步电动机交流伺服系统。

数控机床的主轴传动一般采用异步电动机。对于普通数控可以应用电压频率协调控制的变频调速方式,对于高档数控通常应用矢量控制法。高速数控机床主传动系统的机械结构已得到极大的简化,机床主轴由内装式电动机直接驱动,从而把机床主传动链的长度缩短为零,实现了机床的"零传动"。这种主轴电动机与机床主轴"合二为一"的传动结构形式,使主轴部件从机床的传动系统和整体结构中相对独立出来,因此可做成"主轴单元",俗称"电主轴"(Electric Spindle, Motor Spindle)。采用电主轴结构的数控机床,由于结构简化,传动、连接环节减少,因此提高了机床的可靠性。有些高档数控机床,如并联运动机床、五面体加工中心、小孔和超小孔加工机床等,必须采用电主轴,方能满足完善的功能要求。

应用计算机控制,软件设计是系统智能化和开放性的关键。数控软件设计主要包括轨迹规划、插补计算、多轴协调控制、位置伺服控制等,本书第五章、第六章详细介绍了位置伺服控制、多轴协调控制和插补计算的原理。

7.1.3　专用数控控制装置的应用

应用比较广泛的专用数控装置有日本 FANUC 数控装置、三菱电机数控装置、德国西门子数控装置,以及我国华中数控装置。

1. 专用数控装置硬件构成

当前数控装置通常内置嵌入式工业 PC 机,配置彩色液晶显示屏,标准机床工业面板,以太网或现场总线、串行 RS-232 通信等网络通信接口,集成进给轴接口、主轴控制接口、手摇接口、内嵌式 PLC 接口及远程 I/O 接口于一体。一般可控制进给轴至少 4 个以上,多的可以 30 多轴,联动轴数有 3 轴、4 轴、5 轴或更多。

2．专用数控系统的软件结构

系统的软件由应用软件和底层软件组成。数控系统的软件功能主要有通信、后台编辑、极坐标编程及旋转轴编程。

3．机床参数设置

专用 CNC 装置有丰富的机床参数，包括系统显示、总线配置、各坐标轴相关配置、机械传动参数、速度参数等等。需要对系统的参数进行了正确的设定，才能保证数控机床正常使用。

在进行伺服系统参数设定之前，必须了解数控机床以下信息：（1）数控系统的类型；（2）伺服电动机的类型及规格；（3）编码器类型和分辨率，如编码器是增量编码器还是绝对编码器，分辨率计算是根据丝杠导程（以 mm 为单位）、减速比、每转编码器脉冲数计算的；（4）系统是否使用分离型位置检测装置，如是否采用独立型旋转编码器或光栅尺作为伺服系统的位置检测装置；（5）机床丝杠的螺距，进给电动机与丝杠的传动比；（6）机床的检测单位（例如 0.001 mm）；（7）CNC 的指令单位（例如 0.001mm）；（8）CNC 与伺服驱动器的连接方式，是否网络总线形式，以及网路总线参数；（9）位置、速度、转矩控制模式以及 PID 参数；（10）决定手动方式下的单轴进给速度；（11）轴的最大运动速度；（12）加减速时间参数和临界速度等。

根据这些信息在伺服驱动器中进行参数设置。在实际使用中，伺服参数设定完成后，还需要对速度环、位置环动态特性进行优化调试，才能使数控机床性能达到最佳。

7.1.4　PID+速度前馈+加速度前馈的伺服控制

数控系统中交流伺服进给系统是一个具有高速响应的动态系统，且要求有很高的伺服跟踪精度，系统的输入是已知时变轨迹，要求系统响应以零稳态误差跟踪这些输入信号，即输出无延迟、无超调地跟踪输入指令的变化，在满足系统动态性能的同时还要兼顾跟踪能力和抗干扰能力。而常规 PID 是偏差控制器，产生作用的前提是被控制量必须偏离设定值，才能通过偏差进行控制，因而使系统产生滞后。伺服闭环系统之所以存在误差，主要有两方面原因，一是系统受到各种扰动，二是系统本身的结构和参数的变化。实质上时变轨迹就是不断作用于系统的一种扰动。另外 PID 控制器在提高快速性的同时不可避免地引入了超调。

因此，在数控伺服控制中，在位置环的设计上，往往采用以传统的 PID 控制器为基础，引入速度、加速度前馈的具有前馈补偿的复合控制器，其系统结构如图 7-2 所示。在复合控制结构中，当前馈函数与被控对象函数之间满足某种关系时，误差函数可以为 0。采用反馈和前馈的复合控制的系统结构，可以减小位置跟踪滞后误差，提高位置控制精度。这种结构在理论上可以完全消除系统的静态位置误差、速度、加速度误差以及外界扰动引起的误差。

一般专用数控控制器和基于 DSP 的运动控制器，在控制功能方面都内置了速度前馈和加速度前馈的功能，用户只要进行功能选择和参数设置即可构成复合控制结构。

7.1.5　经济型数控系统

根据 CNC 功能水平的不同，数控系统通常分为高、中、低三档，而从价格、功能、使用等综合

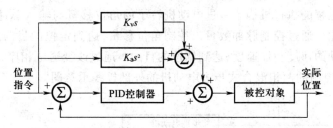

图 7-2　PID+速度+加速度前馈的复合控制结构

指标考虑,又将 CNC 分为经济型数控系统与标准型数控系统。

经济型数控系统又称简易数控系统,功能较简单,通常由步进电动机或价格较低的伺服电动机作为驱动对象。经济型数控可以采用 PLC 作为控制器。

1. PLC 控制器

大多数 PLC 都提供位置控制功能。在小型 PLC 中,对于简单的定位控制,都内置了这种定位功能,其基本模块通常提供 2~3 个输出口可以设置为高速脉冲输出口,输出时可选择 PWM(脉宽调制)或 PTO(脉冲串)方式。对于只有 2 个伺服轴的简易数控,采用一个小型 PLC 基本模块就可以进行插补控制。2 个输入口可以设置为高频脉冲输入,用于检测编码器信号。软件上提供了相应的定位指令。如西门子 S7-200PLC 可输出最高频率达 100 kHz 的 PTO(脉冲串)或 PWM(脉宽调制)脉冲信号,不受 CPU 扫描式工作方式的影响。对于较为复杂的位置控制功能,小型 PLC 提供扩展定位模块。不管是内置的定位功能,还是扩展定位模块,PLC 输出的位置信号都是脉冲信号。步进电动机和伺服电动机都可以接受脉冲控制,因此,PLC 可用于步进电动机伺服控制和交流电动机伺服控制。

2. 基于步进电动机的经济型数控系统

机床的进给由步进电动机实现开环驱动,控制的轴数在 3 轴或 3 轴以下。这一档次的数控机床通常仅能满足一般精度要求的加工,能加工形状简单的直线、斜线、圆弧及带螺纹类的零件。经济型数控系统的一般结构如图 7-3 所示。

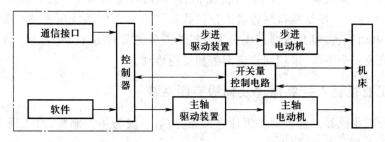

图 7-3　经济型数控系统结构图

步进电动机转子惯量低,控制简单,是一种用电脉冲信号进行控制,并将电脉冲信号转换成相应的角位移或线位移的执行机构。步进电动机转子的角位移量与输入脉冲数成正比,旋转速度与脉冲频率成正比。通过控制脉冲数量来控制角位移量,达到定位的目的。通过控制脉冲频率来控制电动机转动的速度和加速度,达到调速的目的。通过改变通电相序,改变电动机旋转方向。图 7-4 是 PLC 控制的两相混合式步进电动机的外部接线示意图。

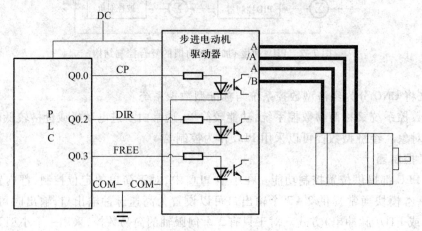

图 7-4　基于 PLC 的步进电动机控制系统接线示意图

图 7-4 中 CP 为步进脉冲信号,DIR 为方向电平信号,FREE 为脱机信号,当有效时电动机处于无力矩状态,COM 端为信号的公共端。

7.2　工业机器人伺服控制系统

工业机器人是面向工业领域的多关节机械手或多自由度的机器人。它可以接受人类指挥,也可以按照预先编排的程序运行。

工业机器人由工业机器人主体、电气控制柜、控制接口装置及 PC 机组成。PC 机完成键盘示教,轨迹插补等功能。控制接口装置将上位机数据转换为伺服系统所需要的数据类型。伺服控制系统、执行电动机、旋转变压器完成对工业机器人各关节的闭环伺服控制。工业机器人的主体共有多个关节及一个手爪,采用同步齿形带和齿轮传动。

7.2.1　工业机器人控制原理及伺服控制系统

目前大部分工业机器人都采用二级计算机控制,第一级为主控制级,第二级为伺服控制级,系统框图如图 7-5 所示。

主控制级由主控制计算机及示教盒等外围设备组成,主要用以接受作业指令,分析解释指令,坐标变换,插补计算,矫正计算,最后求取相应的各关节协调运动参数,协调关节运动,运动轨迹的运算,完成作业操作。工业机器人控制编程软件是工业机器人控制系统的重要组成部分,其

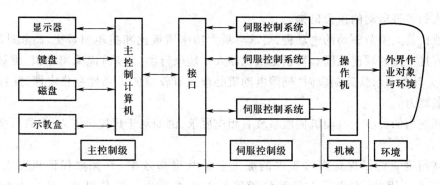

图 7-5 二级计算机控制系统

功能主要包括:指令的分析解释;运动的规划(根据运动轨迹规划出沿轨迹的运动参数);插值计算(按直线、圆弧或多项插值,求得适当密度的中间点)和坐标变换。

伺服控制级为一组伺服控制系统,同为伺服系统,机器人位置伺服控制系统与数控进给伺服控制系统有相似要求。每一个伺服控制系统分别驱动操作机的一个关节,通过对各关节的伺服控制,达到对末端的运动轨迹控制。关节运动参数来自主控制级。其中伺服电动机的输出轴直接与机器人关节轴相连接,以完成关节运动的控制和关节位置、速度的检测。

图 7-6 是 PUMA560 型工业机器人各关节伺服控制系统结构。PUMA 伺服控制级中有六套伺服控制系统,对六个关节进行分散独立的控制,其核心为 6503 微处理器。

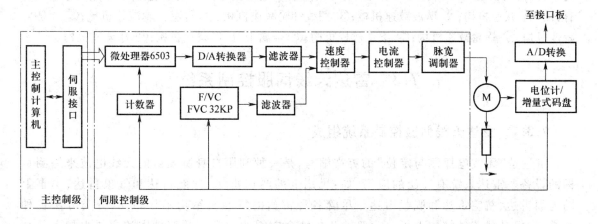

图 7-6 PUMA 560 型工业机器人伺服控制系统

7.2.2 机器人对关节驱动伺服电动机及伺服系统的要求

机器人伺服驱动系统是利用各种电动机产生的力矩和力,直接或间接地驱动机器人本体以获得机器人的各种运动的执行机构。

对工业机器人关节驱动的电动机,要求有最大功率质量比和扭矩惯量比、高起动转矩、低惯量和较宽广且平滑的调速范围。特别是像机器人末端执行器(手爪)应采用体积、质量尽可能小的电动机,尤其是要求快速响应时,伺服电动机必须具有较高的可靠性和稳定性,并且具有较大的短时过载能力。

对不同应用的机器人电动机伺服系统有相应要求,例如对于焊接机器人,大致可概括为以下四个方面。

(1) 高精度。为了保证焊接零件的加工质量并提高效率,首先要保证机器人的定位精度和加工精度。因此,在机器人各轴位置控制中要求有高的定位精度,即在微米的数量级内。而在速度控制中,要求有高的调速精度、强的抗负载扰动的能力,也即要求静态和动态速降尽可能小。

(2) 快响应。要求系统有良好的快速响应特性,即要求跟踪指令信号的响应要快,位置跟踪误差(位置跟踪精度)要小。

(3) 宽调速范围。对于一般的机器人而言,要求电动机伺服系统能在 0～20m/min 范围内都能正常工作。

(4) 低速大转矩。根据焊接机器人加工特点,大多是在中低速负重状态下工作(点焊机器人为甚),这样,既要求在低速时电动机伺服系统有大的转矩输出又要求转动平稳。

为了满足上述四点要求,对电动机伺服系统的执行元件—伺服电动机提出了相应的要求的同时,机器人驱动系统要求传动系统间隙小、刚度大、输出扭矩高以及减速比大,常用的减速机构有:① RV 减速机构;② 谐波减速机械;③ 摆线针轮减速机构;④ 行星齿轮减速机械;⑤ 无侧隙减速机构;⑥ 蜗轮减速机构;⑦ 滚珠丝杠机构;⑧ 金属带/齿形减速机构;⑨ 球减速机构。

7.3　雷达天线伺服控制系统

7.3.1　雷达天线伺服控制系统组成

雷达是"无线电探测与定位"的英文缩写,是一种利用自身所发射的无线电波来探测目标的设备。雷达系统有广泛的应用,如:民用上的测速雷达、导航雷达和气象雷达;军事上的地面雷达、航空雷达和舰载雷达。尽管各种雷达的特性与结构不尽相同,分类方法也种类繁多,但是从传动结构上可分为双轴和多轴全向雷达。常用的双轴雷达主要由如下几个部分组成:雷达底座和支架、俯仰伺服轴、方位伺服轴以及雷达天线。图 7-7 为雷达天线结构示意图。

雷达天线伺服系统即雷达天线位置随动系统。为准确跟踪目标,雷达天线能在水平面绕垂直轴心作-180°～180°转动,即方位角;同时也能绕水平轴心作 0°～90°转动,即俯仰角。对于双轴俯仰雷达,伺服系统由方位伺服系统和俯仰伺服系统两大部分组成。雷达天线的跟踪定位功能是通过控制方位和俯仰两个伺服轴的角度,以及转动的速度实现。与所有其他多自由度运动伺服控制系统一样,控制系统构成可以有多种方式。图 7-8 是基于运动控制器的伺服控制系统组成。图 7-9 是基于 CAN 总线的控制系统结构。

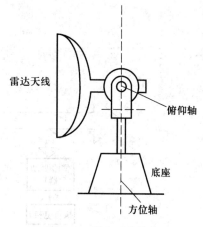

图 7-7 雷达天线结构

由图 7-8 可知,雷达天线伺服控制系统主要由基于微处理器的伺服运动控制器、伺服驱动器、安装在天线上的执行电动机、角度(位置)检测、速度检测以及传动机构等组成。

雷达伺服系统信号检测所用传感器中,电流检测元件多采用霍尔传感器;角速度检测常用的有光电编码器、旋转变压器、速率陀螺等;角度位置传感器常用的有自整角机、旋转变压器和光电编码器。执行电动机通常采用直流伺服电动机或交流永磁同步伺服电动机。

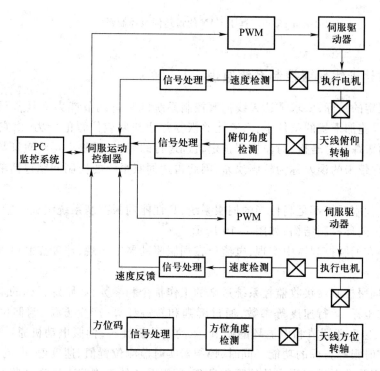

图 7-8 雷达伺服控制系统组成框图

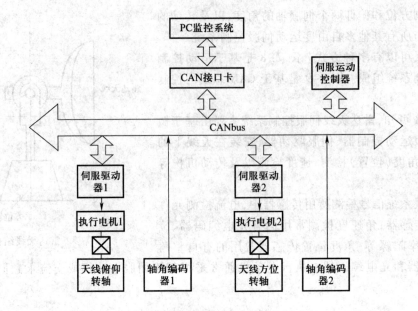

图 7-9　基于 CAN 的雷达伺服控制系统

7.3.2　雷达天线伺服控制系统原理

为了跟踪既定的目标,要求雷达天线伺服控制系统既具备调节能力又具备跟踪能力。调节能力是指:在外界施加干扰的条件下,系统能够恢复并达到期望位置的能力,由它带来的误差称为跟踪误差。而跟踪能力是指:对象按照预定轨迹运行的能力,反映出运动轨迹与理想跟踪曲线偏离的程度,由它带来的误差称为轮廓误差,因此雷达伺服系统的控制问题包括单轴伺服和多轴协调控制。

大多数雷达伺服系统都是高性能的伺服系统,高性能伺服控制系统组成一般采用电流环、速度环、位置环的三闭环控制结构,如图 7-10 所示。

其中位置环在伺服控制器中实现,电流环在伺服驱动器中实现,速度控制可以在伺服控制器或驱动器中实现。

控制原理:伺服控制器接收监控系统送来的工作指令和参数,如跟踪目标的坐标、速度,雷达伺服系统载体的坐标、运行速度等参数,通过解耦和轨迹计算,产生方位、俯仰位置跟踪给定值 θ^*,经过位置环、速度环调节和电流环的调节,驱动电动机旋转,伺服电动机通过传动机构,带动天线运动完成实时跟踪目标的功能。同时,控制器实时监测位置值、速度值、电流值,以及系统故障,包括接收伺服驱动器反馈回来的故障信息等,伺服系统的工作状态回送到监控系统。

7.3.3　车载雷达天线伺服控制系统

目前跟踪雷达天线系统多为船载、车载及地面天线跟踪指向控制。车载雷达天线可用于实

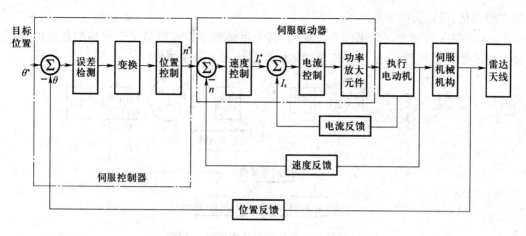

图 7-10 单轴伺服控制原理方块图

时气象业务、大型活动新闻采访、防灾抗灾的气象保障服务,也可应用于实时微波通讯、卫星电视的收发及实时跟踪等方面。

用于地面上固定的天线伺服系统,只需要调整天线的方位角和俯仰角实现天线指向控制。可是在运动的汽车上,由于道路的颠簸、拐弯,汽车的位置和方向不断发生变化,架设在这些载体上的天线就不能准确的对准目标。因此对于车载雷达天线伺服系统需要增设稳定平台,即在天线控制系统中采用姿态传感器组合感知载体扰动,利用已有的伺服机构修正或补偿载体姿态变化的影响,使天线相对于大地惯性坐标系保持稳定,以消除由载体引起的角移动。增设稳定平台后的雷达天线伺服系统由方位伺服轴、俯仰伺服轴、横滚伺服轴组成。利用惯性姿态测量系统建立一个坐标系,如图 7-11 所示。

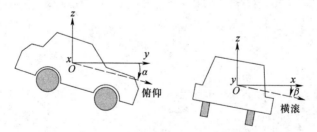

图 7-11 载体坐标系纵摇角、横摇角定义

设车体坐标系为 xyz,则:方位伺服轴是 z 轴,俯仰伺服轴为 x 轴,横滚伺服轴为 y 轴,雷达底座在 xy 平面上。伺服控制系统由方位伺服系统、俯仰伺服系统和横滚伺服系统组成。

稳定平台控制原理是利用姿态传感器组合测出载体的姿态信息,经过解耦和信号处理,分别得到俯仰、横滚伺服系统的位置反馈,然后通过三环伺服系统调节相应的轴系变化,从而抵消车体姿态的变化,保证天线的稳定。

图 7-12 是一种横滚伺服系统原理框图,其中用光纤陀螺仪测量平台载体的角速度,陀螺是一种重要的惯性敏感器,广泛用于测量载体的姿态角和空间角速度。

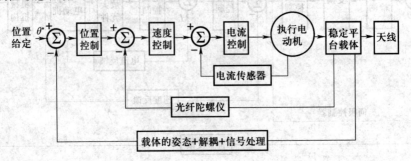

图 7-12　横滚伺服系统原理方块图

参考文献

[1] 陈伯时.电力拖动自动控制系统[M].3 版.北京:机械工业出版社,2003.

[2] 阮毅,陈伯时.电力拖动自动控制系统[M].4 版.北京:机械工业出版社,2009.

[3] 汤天浩.电力传动控制系统[M].1 版.北京:机械工业出版社,2010.

[4] 丁学文.电力拖动运动控制系统[M].1 版.北京:机械工业出版社,2011.

[5] 李正熙,白晶.电力拖动自动控制系统[M].2 版.北京:冶金工业出版社,2000.

[6] 李发海,王岩.电机与拖动基础[M].1 版.北京:清华大学出版社,2005.

[7] 尔桂花.运动控制系统[M].北京:清华大学出版社,2002.

[8] 李夙.异步电动机直接转矩控制[M].北京:机械工业出版社,1999.

[9] 王晓明.电动机的 DSP 控制—TI 公司 DSP 应用[M].2 版.北京:北京航空航天大学出版社,2009.

[10] 姚舜才.电机学与电力拖动技术[M].北京:国防工业出版社,2006.6.

[11] 佟纯厚.近代交流调速[M].北京:冶金工业出版社,1985.

[12] 刘会灯.MATLAB 编程基础与典型应用[M].北京:人民邮电出版社,2008.

[13] 坂本正文.步进电机应用技术[M].北京:科学出版社,2003.

[14] 敖荣庆,袁坤.伺服系统[M].北京:航空工业出版社,2006.

[15] 夏长亮.无刷直流电机控制系统[M].北京:科学出版社,2009.

[16] 钱平.伺服系统[M].北京:机械工业出版社,2005.

[17] 陈伯时.电力拖动自动控制系统—运动控制系统[M].北京:机械工业出版社,2003.

[18] 李珍国.交流电机控制基础[M].北京:化学工业出版社,2009.

[19] 王成元,夏加宽,杨俊友,等.电机现代控制技术[M].北京:机械工业出版社,2006.

[20] 邹伯敏.自动控制理论[M].3 版.北京:机械工业出版社,2007.

[21] 郑魁敬,高建设.运动控制技术及工程实践[M].北京:中国电力出版社,2009.

[22] 樊留群.实时以太网及运动控制总线技术[M].上海:同济大学出版社,2009.

[23] 舒志兵.交流伺服运动控制系统[M].北京:清华大学出版社,2006.

[24] 舒志兵,袁佑新,周玮.现场总线运动控制系统[M].北京:电子工业出版社,2007.

[25] 丛爽,李泽湘.实用运动控制技术[M].北京:电子工业出版社,2006.

[26] 罗良玲,刘旭波.数控技术及应用[M].北京:清华大学出版社,2005.

[27] 王爱玲.机床数控技术[M].北京:高等教育出版社,2006.

[28] 周济.数控加工技术[M].北京:国防工业出版社,2002.

[29] 陈在平.现场总线及工业控制网络技术[M].北京:电子工业出版社,2008.

[30] 周凯.PC 数控原理、系统及应用[M].北京:机械工业出版社,2006.

[31] 贺昱曜.运动控制系统[M].西安:西安电子科技大学出版社,2009.